Die Welt braucht bessere Entscheidungen. Wer diesem Satz zustimmt, sollte bei sich selbst anfangen. Denn wir sind schlechte Entscheider, Die wissenschaftliche Disziplin, die unser Entscheidungsverhalten untersucht, ist die Verhaltensökonomik. Sie liefert eine Vielzahl von Nachweisen, die diese Aussage bestätigen.

DECIdent ist ein Verlag, der sich dem Thema „Entscheiden" verschrieben hat. Das drücken wir nicht nur mit unserem Namen, sondern auch in unserem Logo aus. Die Figur stellt KAIROS dar, eine Figur aus der griechischen Mythologie. KAIROS ist der Moment der „göttlichen" Entscheidung. KAIROS' Markenzeichen sind eine Locke auf einem ansonsten kahl geschorenen Kopf und Flügel an den Füßen. Deshalb kommt KAIROS meist auf leisen Sohlen daher.

Wenn die Gelegenheit da ist, sollte man KAIROS beim Schopfe packen. Greift man zu spät zu, gleiten die Hände über den blanken Schädel ins Leere.

Mit unseren Büchern und Produkten wollen wir dazu beitragen, dass unsere Leser die KAIROS-Momente in ihrem Leben leichter erkennen und bessere Entscheidungen treffen.

Entscheidgungsfallen beim CO2-Verbrauch

Ohne Tipps, wie man CO2 einsparen kann. Garantiert.

Peter Jungblut

1. Auflage 2019

DECIdent - Der Verlag für bessere Entscheidungen
Herbertstraße 1 - im Dampferkollektiv
10827 Berlin
www.decident.de

Das Werk einschließlich seiner Teile ist urheberrechtlich geschützt. Jede Vervielfältigung, Übersetzung und Verarbeitung ist unzulässig und strafbar.

Gesamtherstellung:
Decident, Berlin

978-3-9820985-6-2

Kürzlich gab es im Radio einen Aktionstag. Es ging um die „Fridays for Future"-Bewegung. Als ich einschaltete, sprach der Moderator gerade mit einen Umweltpsychologen. Obwohl der Sender sehr gut mit öffentlichen Verkehrsmitteln erreichbar sei und es an diesem Tag um das Thema „Umwelt" gehe, sei er ausgerechnet auch heute, wie jeden Tag, mit dem Auto zum Sender gefahren. Er bat den Umweltpsychologen um eine Interpretation seines Verhaltens, weil es vermutlich dem vieler Hörer ähnlich sei.

Was dramaturgisch möglicherweise sinnvoll ist, hat mich persönlich zunächst empört. Die Diskussion mit dem Umweltpsychologen ist für mich symptomatisch für den Zeitgeist. Wir verkomplizieren vieles bis zur Unkenntlichkeit und verlieren dabei das Wesentliche aus den Augen. Wenn uns ein Umweltpsychologe bescheinigt, wie schwer es ist, eingefahrene Gewohnheiten zu ändern, sind wir nicht Täter des Klimawandels, sondern können uns als Opfer unserer komplizierten Psyche fühlen.

Einen lösungsorientierteren Ansatz bietet die Verhaltensökonomik. Der Grund, warum wir mit dem Auto zur Arbeit fahren, statt mit der Bahn, warum wir uns auch diesmal kein Elektroauto, sondern einen SUV kaufen oder warum wir unbedingt diese Fernreise machen wollen - der einfache Grund ist, dass wir es so entschieden haben. Wir müssen bei unseren Entscheidungen ansetzen, wenn wir unser Verhalten verändern wollen. Eine Kernaussage der Verhaltensökonomik ist sinngemäß ‚langsames Denken schützt vor Entscheidungsfallen'. In diesem Buch beleuchte ich 12 Entscheidungsfallen, die zu unnötigem CO_2-Verbrauch führen. Grundlage dafür waren Interviews, die ich mit Menschen über ihr klimaschädigendes Verhalten geführt habe.

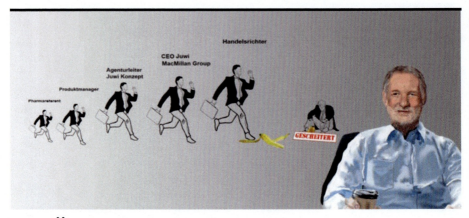

Über den Autor

Ich war schon sehr vieles in meinem Leben. Meine berufliche Laufbahn habe ich mit einer handwerklichen Ausbildung begonnen. Ich kann auch heute noch Zahnräder fräsen, Zylinderköpfe schleifen oder Achsen für Lokomotiven drehen. Als ich genug vom Handwerk hatte, wurde ich Verkäufer, anschließend Produktmanager, später Marketingleiter eines Pharmaunternehmens. 1993 habe ich ein eigenes Pharmaunternehmen gegründet, 1994 meine erste Werbeagentur.

Mit dem Thema „Entscheiden" habe ich mich erstmals in meiner Zeit als Handelsrichter auseinander gesetzt. Es ist schon etwas anderes, ob ich als Unternehmer eine Entscheidung treffe oder als Richter. Zwar geht es in beiden Rollen auch um andere, aber als Richter entscheidet man direkt in das Leben anderer hinein.

Offenbar haben diese Erfahrungen wenig zu einer Verbesserung meiner Entscheidungskompetenz beigetragen. Denn im Jahr 2013 habe ich mein damaliges Unternehmen, eine der Top5 der deutschen Werbeagenturen, gegen die Wand gefahren - und mein Leben gleich mit. Erst danach habe ich mich wissenschaftlich mit der Frage auseinandergesetzt, warum wir uns so oft falsch entscheiden und meine eigenen Fehlentscheidungen analysiert. Heute berate ich vor allem Unternehmen bei der Verbesserung der Entscheidungskompetenz ihrer Mitarbeiterinnen und Mitarbeiter.

Peter Jungblut, Berlin

INHALT

Kopf- oder Zahl?

„Warum soll ich Euch erklären, wie die Welt wirklich ist? Ihr werdet sie sowieso so sehen, wie Ihr sie sehen wollt, sprach Gott und schenkte den Menschen die Heuristiken".

Peter Jungblut

01	**Höchste Zeit, sich einzumischen!**	S. 8
	Greta Thunberg, die Gründerin der „Fridays for Future"-Bewegung mein zurecht „I want Your Panic". Es ist an der Zeit, sich einzumischen. In sein eigenes Verhalten, aber auch in das anderer.	
02	**Über Heuristiken**	S. 18
	Wenn jemand eine Entscheidung trifft, die Sie überhaupt nicht nachvollziehen können oder gar schäbig finden, gibt es zwei Möglichkeiten. Die eine ist Vorsatz. Die andere ist, dass der Entscheider etwas sieht, was so nicht real ist oder dass Sie etwas sehen, was der Entscheider nicht sieht. Dann ist vermutlich eine Heuristik im Spiel. Um die geht es in diesem Kapitel. Bei tieferem Interesse an dem Thema empfehle ich die einschlägige Literatur.(z. B. Daniel Kahneman, „Schnelles denken, langsames Denken".	
03	**Auch Politiker sind schlechte Entscheider**	S. 42
	50 Entscheider aus Wirtschaft und Politik waren bereit sich von mir interviewen zu lassen. Ziel der Interviews war es, einen Eindruck über die Entscheidungsqualität in Wirtschaft und Politik zu bekommen. In diesem Kapitel stelle ich einen Auszug aus den Ergebnissen vor und zeige an einem aktuellen Beispiel, warum auch Politiker keine besseren Entscheider sind, als jedermann.	
04	**Entscheidungsfallen beim CO2-Verbrauch**	S. 52
	Um dieses Buch zu schreiben, habe ich nicht nur Politiker und Manager interviewt, sondern zahlreiche Menschen aus unterschiedlichen Gesellschaftsschichten. Bei ihnen ging es um die Gründe für ihr umweltschädliches Verhaltens. In diesem Kapitel zeige ich anhand von 12 Beispielen, wie Heuristiken wirken und wie man sie kontrollieren kann.	
05	**CEOZWO - Das Klimaspiel**	S. 122
	In Deutschland ist endlich eine breite Diskussion um klimafreundliches Verhalten entbrannt. Diskussionen sind umso wirkungsvoller, je konkreter sie sind. Mein Klimaspiel trägt dazu bei, dass die Menschen intensiver über ihre Ziele nachdenken und bessere Entscheidungen treffen.	

Kapitel 01

Höchste Zeit, sich einzumischen

Ich mische mich ungern in die Gespräche anderer ein, schon gar nicht in deren Leben. Aber neulich konnte ich nicht anders. Auf einer Fähre über den Wannsee wurde ich unfreiwilliger Zuhörer eines Gespräches, in dem sich zwei Männer meines Alters über die „Panikmache" hinsichtlich des Klimawandels lustig machten. Ich spürte, wie es begann, in mir zu kochen. Als der Druck im Kessel hoch genug war, überwand ich die Mauer der Zurückhaltung, die mich vor mir selbst und andere vor mir schützt und mischte mich ein.

Aber schon nach zwei Sätzen war mir klar, dass mit Argumenten hier nichts auszurichten war. Die beiden kannten sie alle und hatten für jedes Argument eine passende Antwort. Also änderte ich meine Strategie und fragte die beiden, ob sie schon einmal etwas von der **Algorithmusaversion** gehört hätten. Hatten sie nicht. Kommt ein Mann zum Arzt. Der Arzt misst seinen Blutdruck und meint: Stellen Sie sich vor, Sie säßen jetzt mit Ihrem Zwillingsbruder hier und er hätte den gleichen Befund,

wie Sie. Wenn Sie beide ihren bisherigen Lebensstil beibehalten und nicht mit dem Rauchen aufhören, ich verwette meine Praxis, dass einer von Ihnen innerhalb der nächsten 5 Jahre einen Herzinfarkt erleidet. Wenn Sie Pech haben, beide. Der Mann glaubt der Prognose nicht und behält seinen lieb gewonnenen Lebensstil bei. Das Wesen der **Algorithmusaversion** besteht darin, dass Menschen dazu neigen, Prognosen umso stärker zu misstrauen, je mehr sie ihrer eigenen Auffassung widersprechen, bzw., je weniger sie ihnen in den Kram passen. Die **Algorithmusaversion** beschreibt eine Verzerrung der Wahrnehmung, der wir häufig auf den Leim gehen, wenn wir ein Urteil bilden. Die Wissenschaft, die sich am intensivsten mit solchen Phänomenen beschäftigt,

Kapitel 01 -
Höchste Zeit, sich einzumischen

ist die Verhaltensökonomik. Sie spricht von „Heuristiken". Die **Algorithmusaversion** gehört zu den am besten erforschten Heuristiken. Sie ist neben der optimistischen Verzerrung (S. 98 ff) die häufigste Heuristik, mit der wir unser klimaschädigendes Verhalten bagatellisieren (mehr dazu auf S. 66 ff).

Ist Ihnen schon einmal aufgefallen, dass man einem Menschen zuhört, wenn er einen Witz erzählt? Selbst wenn er zuvor mehrfach vergeblich versucht hat, sich in einer Runde Gehör zu verschaffen, erzählt er einen Witz, werden alle anderen stumm und hören zu. Deshalb habe ich auf der Fähre diese Form der Ansprache gewählt. Auch wenn sich meine Geschichte am Ende nicht als Witz herausgestellt hat, man hat mir zugehört. Natürlich ist das nicht das Prinzip der Einmischung, um das es in diesem Buch geht, aber, wer diese Form beherrscht, sollte sie ruhig anwenden. Was ich mit meinem Buch empfehle, ist - für den Fall, dass Argumente nicht helfen - auf die Heuristikebene zu wechseln. Was ich damit meine, habe ich in diesem Beispiel bereits skizziert. Man sucht den kleinsten gemeinsamen Nenner und beleuchtet das Problem aus einer anderen Perspektive.

Der kleinste gemeinsame Nenner war in diesem Fall, dass Experten mit ihren Prognosen schon häufig daneben lagen und dass wir deshalb zurecht Prognosen gegenüber skeptisch sein sollten. „Daneben" ist allerdings etwas anderes, als „völlig falsch", darin waren wir uns ebenfalls einig. Also fragte ich, für wie wahrscheinlich meine Gesprächspartner es denn hielten, dass die Prognosen hinsichtlich des Klimawandels tatsächlich Realität werden. Ihre Antwort war „unter 5%". Die beiden hielten es also nicht für völlig ausgeschlossen, dass die Polkappen schmelzen, die Meeresspiegel steigen und die ganze Welt damit aus den Fugen gerät. Und sie hielten es nicht für völlig ausgeschlossen, dass der Mensch mit seinem CO_2-Ausstoß dazu einen Beitrag leistet. Rechtfertigt - angesichts der Wucht der möglichen Auswirkungen - nicht bereits die geringste Eintrittswahrscheinlichkeit, dass wir unser klimaschädigendes Verhalten ändern?

Kapitel 01 -
Höchste Zeit, sich einzumischen

Eine Heuristik, auf die ich in diesem Buch nicht explizit eingehe, ist die **Expertenheuristik**. Da sie bei diesem Beispiel neben der **Algorithmusaversion** eine gewisse Rolle spielt, will ich sie zumindest kurz vorstellen. Sie besagt, dass wir weniger kritisch sind, wenn eine Meinung von einem Experten geäußert wird.

Wir sollten der Meinung von Experten mit der gleichen Skepsis begegnen, die wir auch bei Verkäufern an den Tag legen. Aber auch nicht mit mehr! Denn die **Expertenheuristik** kann auch in die entgegengesetzte Richtung wirken, wie es bei meinen unfreiwilligen Gesprächspartner der Fall war.

Das Prinzip, das hier zumindest aus der Endlosschleife des gegenseitigen Bewerfens mit Argumenten heraus- und zum Nachdenken geführt hat, war die Beleuchtung der Frage, auf Basis welcher Wahrnehmung meine Gesprächspartner argumentiert haben. Dieses Prinzip hat sich auch bei mir selbst bewährt. Die Beleuchtung der Frage, auf Grundlage welcher Beurteilung ich eine Entscheidung treffe, woher ich weiß, was ich zu wissen glaube und was mich meiner Sache so sicher macht, hat mir dabei geholfen, so manche Gewohnheit abzulegen, die mir zwar einen kurzfristigen Nutzen verschafft, mir aber langfristig schadet. Die Methode hat mir auch dabei geholfen, mein eigenes klimaschädigendes Verhalten zu verstehen und zu ändern.

Seit diesem Erlebnis auf der Fähre mische ich mich ständig ein und empfehle jedem, es auch zu tun. Wer nicht so weit gehen will, dem bietet das Buch das nötige Instrumentarium, sich bei sich selbst einzumischen. Denn niemand ist bei seinem Verhalten gegen Heuristiken immun.

Kapitel 01 -
Höchste Zeit, sich einzumischen

Mir persönlich reicht es allerdings nicht, mich im Bekanntenkreis oder bei zufälligen Begegnungen einzumischen. Und es reicht mir nicht, wenn dieses Buch vielleicht ein paar hundert Leser findet. Deshalb mache ich mich „zum Narren" und tingle als Moritatensänger durch die Republik. Statt aus dem Buch vorzulesen, trage ich die Botschaften in Form von Moritaten vor - auf Marktplätzen, in Unternehmen und natürlich auch in Buchhandlungen, als Alternative zu einer klassischen Bücherlesung.

Eine Moritat ist ein Lied, das eine Geschichte erzählt. Es war die Domäne der Bänkelsänger im Mittelalter. Zur visuellen Untermalung ihrer Geschichten haben sie Bildtafeln hochgehalten. Der Begriff „Moritat" geht vermutlich auf „Moralität" zurück. Und so waren die Bänkelsänger im Mittelalter auch eine wichtige Instanz für das „gute Miteinander" der Bürger. Ich finde, diese Form fällt so wunderbar aus der Zeit, dass sie für meine Zwecke perfekt geeignet ist.

Wann darf, wann soll man sich einmischen? Ein Ehepaar hat sich jahrelang auf eine Kreuzfahrt gefreut. Jetzt ist die Zeit gekommen. Beide sind in Rente, und die Lebensversicherung ist ausgezahlt. Soll man versuchen, sie von der Idee abzubringen? Soll man sich einmischen, wenn eine Familie das ganze Jahr über spart, um sich einen Urlaub auf den Malediven leisten zu können? Wie soll man sich verhalten, wenn jemand seinen Fleischkonsum nicht reduziert mit dem Hinweis, dass seine CO2-Bilanz ansonsten blitzblank ist?

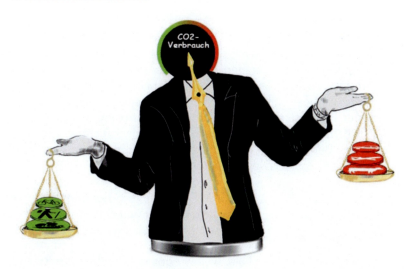

Es kommt auf die Perspektive an. Stellen Sie sich vor, Sie befinden sich mit einer Gruppe von Menschen in einer verunglückten Seilbahn und warten auf Rettung. Die Gruppe entscheidet, sich absolut ruhig zu verhalten, weil sie vermutet, dass jede Bewegung die Kabine zum Absturz bringen kann. Der einzige, der sich nicht daran hält sind Sie. Sie haben einen unbändigen Bewegungsdrang. Dem Protest der anderen begegnen Sie mit dem Argument, dass die bisherige Bewegungsbilanz ihres Lebens erheblich besser ist, als die, jedes anderen der Gruppe. Außerdem hätten Sie sich mit der Seilbahn beschäftigt, bevor sie hier eingestiegen sind und teilten deshalb die Absturzsorge der anderen nicht.

Kapitel 01 -
Höchste Zeit, sich einzumischen

Wer sich effektiv einmischen will, sollte sich mit verzerrten Wahrnehmungen auskennen. Vermutlich haben sie schon einmal folgende Situation erlebt: Ein Freund oder ein guter Bekannter trifft eine Entscheidung, die Sie überhaupt nicht nachvollziehen können und die Sie für falsch halten. Hatten Sie dabei nicht das Gefühl, dass er im Moment seiner Entscheidung etwas sieht, was Sie nicht oder völlig anders sehen - oder dass Sie etwas sehen, was Ihr Freund nicht sieht? Dieses Phänomen der verzerrten Wahrnehmung bezeichnen Entscheidungsexperten als Heuristik.

Auch bei der Beurteilung der Absturzgefahr der Seilbahn wirken Heuristiken. Auf die Frage, wer bei dem Beispiel einer verzerrten Wahrnehmung auf den Leim geht und mit seiner Auffassung falsch liegt, will ich an dieser Stelle nicht näher eingehen. Viel interessanter ist es, diese Frage in Bezug auf unsere klimarelevanten Entscheidungen zu beleuchten. Bei der Seilbahn, wie beim Klima, wissen wir nicht, wann die Sache kippt. Die spannende Frage ist, warum wir glauben, dass es beim Klima auf eine einzelne Autofahrt oder einen Flug mehr oder weniger nicht ankommt, während wir als Betroffene in der verunglückten Seilbahn den Absturz bei jeder noch so kleinen Bewegung befürchten.

Ein Grund dafür liegt in der **Simulationsheuristik**. Sie besagt, dass wir den Eintritt von Ereignissen für umso wahrscheinlicher halten, je besser wir sie uns vorstellen können (vergl. S. 110 ff). Aber nur deshalb, weil wir uns den Absturz der Kabine bei der kleinsten Bewegung besser vorstellen können, als das Erreichen des „Points of No-Return" beim Klimawandel durch unsere nächste Autofahrt, ist das eine Ereignis nicht wahrscheinlicher, als das andere. Vermutlich ist es unwahrscheinlicher, dass Sie mit Ihrer nächsten Autofahrt die Katastrophe auslösen, aber nicht aufgrund ihrer mangelnden Vorstellungskraft.

Optimistische Verzerrung

Die zentrale Forderung von Greta Thunberg, der Gründerin der „Fridays for Future"-Bewegung ist „I want your panic". Ich kann das sehr sehr gut nachvollziehen, angesichts der Lethargie, mit der wir uns weiterhin so verhalten, als käme schon alles nicht so schlimm (vergl. „Optimistische Verzerrung, S. 98 ff). Wir fühlen uns hinsichtlich des Klimawandels (noch) nicht, wie die Menschen in der Seilbahn. In der Seilbahn würden wir vermutlich nicht zögern, uns einzumischen, wenn sich jemand unnötig bewegt.

Aus dieser Perspektive betrachtet, muss man sich meiner Überzeugung nach in das Verhalten anderer einmischen! Zumindest bei den Menschen m persönlichen Umfeld. Was mich angeht, will ich dem Rentnerehepaar zwar nicht vorschreiben, was sie zu tun haben, genauso wenig, wie der Familie oder dem Fleischesser. Aber ich will erreichen, dass sie sich ihrer verzerrten Wahrnehmungen im Rahmen ihrer Entscheidungen bewusst werden - sofern welche vorhanden sind. Das Ziel meiner Einmischung sind bessere Entscheidungen.

Bleiben wir noch einem Moment bei dem guten Bekannten mit der „schrägen" Entscheidung. Wenn Sie morgen vor dieser Situation stehen, wovon machen Sie Ihre Entscheidung abhängig, ob sie sich einmischen? Vermutlich versuchen Sie ihn dann von seiner Entscheidung abzubringen, wenn ihnen der Freund wichtig ist oder wenn Sie der Auffassung sind, dass die Umsetzung seiner Entscheidung ihn selbst oder andere gefährdet.

Kapitel 01 -
Höchste Zeit, sich einzumischen

Nehmen wir an, ihr Freund will sich „nur" einen SUV kaufen und hat sich gegen ein Elektroauto entschieden, obwohl er in einer Stadt lebt, die für Elektroautos eine gute Infrastruktur bietet. Mischen Sie sich ein? Mit welcher Strategie? Ich gehe auf diesen Fall im Kontext der **Affektheuristik** (S. 58 ff) ein. Es ist kein Geheimnis, dass ein SUV nicht gerade ein klimafreundliches Auto ist. Dennoch ist Deutschland das Land mit der höchsten Dichte an Fahrzeugen dieser Art. Und kaum eines dieser Fahrzeuge wird jemals in den Genuss kommen, das zu tun, was in ihm steckt (übrigens geht auch einer Heuristik auf den Leim, wer glaubt, SUVs würden für den Gebrauch in schwerem Gelände gebaut).

Das Problem bei diesem, wie bei allen anderen Beispielen, denen Sie in diesem Buch begegnen, ist selten, dass den Entscheidern die Argumente unbekannt sind, die gegen ihre Entscheidung sprechen. Das Problem ist die (in der Regel nicht vorsätzliche und nicht bewusste) Verzerrung der Realität durch die Entscheider. Sie neigen dazu, die Gründe aufzubauschen, die für die Beibehaltung des bisherigen Verhaltens sprechen oder konstruieren neue Argumente und Gegenargumente, die ihnen in den Kram passen. Auf dieses Phänomen bin ich bei nahezu allen Interviewpartnern gestoßen, die bereit waren, mit mir über ihr „Klimaverhalten" zu sprechen.

In diesem Kapitel wollte ich zeigen, dass Argumente in vielen Fällen nicht zum gewünschten Erfolg führen. Meine Erfahrung ist, dass man einen besseren Zugang zu Menschen bekommt, wenn man sich mit ihnen über die Grundlagen unterhält, auf deren Basis sie ihre Urteile bilden. Die einfachste und wirksamste Frage, um diesen Zugang zu erhalten ist ‚woher wissen Sie das?'. Man muss kein Entscheidungsexperte sein, wenn man sich einmischen will. Das Basiswissen, das dieses Buch vermittelt reicht aus, das eigene Klima-Verhalten infrage zu stellen, zu ändern und sich bei andern einzumischen.

Kapitel 02

Über Heuristiken

Wenn wir unser Verhalten ändern und uns auch bei anderen einmischen wollen, sind wir gut beraten, uns mit dem Wesen von Entscheidungen zu beschäftigen und das Wirken von Heuristiken beim treffen einer Entscheidung zu verstehen. Um die Vermittlung dieses Wissens geht es im folgenden Kapitel

Bevor wir eine Entscheidung treffen, bilden wir uns eine Meinung. Dabei wenden wir drei Prinzipien an. Das sicherste, aber auch mit Abstand aufwendigste Prinzip kennen wir von Gerichten. Der Richter beschafft sich vor seinem Urteil alle relevanten Informationen. Er bewertet sie methodisch sauber und wägt sie ab. Auf dieser Basis trifft er seine Entscheidung, manchmal nach monatelanger Vorbereitung. Das oberflächlichste der drei Prinzipien ist Willkür. Wir sind unberechenbar. Dazwischen liegt das Heuristik-Prinzip.

Das griechische Wort „heurísko" bedeutet in etwa „ich meine". Heuristiken sind an und für sich eine sehr nützliche Erfindung der Evolution. Sie sind eine Art neuronale Daumenregel. Solche „Daumenregeln" helfen uns im Alltag dabei, mit möglichst wenig Informationen möglichst gute Entscheidungen zu treffen. Die Basis für unsere Entscheidungen sind unsere Wahrnehmungen. Unser Gehirn formt daraus ein Bild. Bezogen auf das im vorigen Kapitel skizzierte Beispiel, nehmen Sie und Ihr Bekannter zwar das gleiche Motiv „wahr", aber in Ihren Gehirnen formen sich zwei völlig unterschiedliche Bilder, die zu zwei völlig unterschiedlichen Entscheidungen führen.

Wenn Sie nun allerdings der Meinung sind, dass Sie gegen verzerrte Wahrnehmungen immun sind, gehen Sie mit hoher Wahrscheinlichkeit in diesem Moment selbst einer Heuristik auf den Leim. Vermutlich handelt es sich dabei um die **Optimistische Verzerrung** oder um den **Overconfidence Bias**. zwei Heuristiken, die ich auf S. 98 ff, bzw. S. 102 ff beleuchte.

Bedenke dies, wenn Du Dir ein Urteil bildest:

Niemals hat ein Mensch wirklich gesehen. Denn was wir „Sehen" nennen, ist das Ergebnis eines elektrochemischen Prozesses im Gehirn. Unsere Augen leiten Lichtimpulse von außen weiter, aus denen unser Gehirn ein Bild berechnet. Niemals hat ein Mensch wirklich gehört. Denn was wir „Hören" nennen, ist das Ergebnis eines elektrochemischen Prozesses im Gehirn. Unser Ohren leiten Schallwellen in Form elektrischer Impulse weiter, und unser Gehirn bildet daraus Klangbilder. Mann kann den Gedanken auf andere Sinneseindrücke, wie Riechen, Fühlen oder Schmecken übertragen. Es kommt immer auf das selbe heraus. Es gibt keine „direkte" Wahrnehmung.

Was wir wahrnehmen, ist das, was wir für „wahr" nehmen. Was wir daraus machen, ist das Ergebnis von Rechenoperationen in unserem Gehirn, beeinflusst von verzerrten Wahrnehmungen. Das sollten wir immer im „Hinterkopf" haben, wenn wir uns ein Urteil bilden und auf Basis dieses Urteils eine Entscheidung treffen.

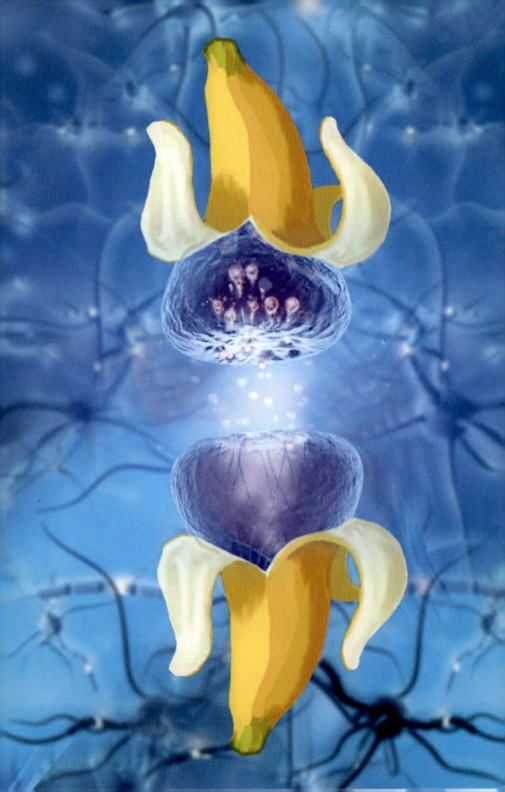

Warum wir was wie tun.

Erkenntnisse basieren auf Beobachtungen und den Rückschlüssen, die man daraus zieht. Das haben viele von uns Laufe der Jahrhunderte vergessen und verlernt. Warum auch nicht, wo doch inzwischen Spezialisten diese Aufgabe für uns übernommen haben - und die Deutungshoheit gleich mit. Ich habe nichts gegen Forscher, ich habe nur etwas dagegen, alles nachzuplappern, was uns serviert wird. Ein „Wissensbaustein" ist nur so lange gültig, bis er von einem anderen abgelöst wird. Das ist das Wesen der Wissenschaft, die immer neues „Wissen" schafft. Nur wenige Wissensbausteine bleiben vor diesem Schicksal verschont. Welche das sind, können wir mit Sicherheit nicht sagen.

Ich bin ein Beobachter, der sich seine eigenen Modelle bastel, um die Welt zu verstehen - wohl wissend, dass diese Modelle sowohl unvollständig, als auch fragil sind. Natürlich nutze ich dabei auch das Wissen, das uns Wissenschaftler zur Verfügung stellen.

Eines dieser Modelle wird durch die Grafik nebenan illustriert. Das Modell hilft mir, mein Verhalten besser reflektieren zu können. Im Gegensatz zu früher, wo die Menschen nur ein geringes „Verhaltensrepertoire" hatten, steht uns heute ein großes Spektrum an Möglichkeiten offen. Unser Verhalten wird von verschiedenen Faktoren beeinflusst, wie z. B. von gelernten Verhaltensmustern, von Überzeugungen und von Impulsen, die im Augenblick des Verhaltens wirken. Diese Faktoren wiederum werden von Wahrnehmungen beeinflusst. An dieser

Kapitel 02 - Über Heuristiken

Stelle spielen Heuristiken eine Rolle. Auf die gelb markierten Heuristiken gehe ich in diesem Buch anhand von konkreten Beispielen ein. Die vier anderen Heuristiken erläutere ich kurz am Ende von Kapitel 4 (S. 120 ff).

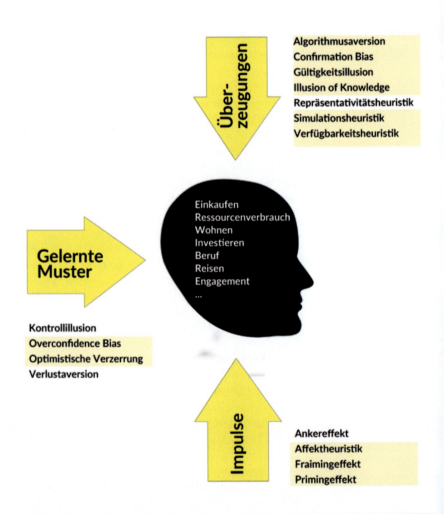

Das zentrale Problem in Bezug auf unseren CO_2-Verbrauch, ist die in unserer Zeit vorherrschende Konditionierung. Jede Zeit hat ihre eigene, aber die derzeit vorherrschende Konditionierung hat die Spaßgesellschaft hervorgebracht, wo jederzeit alles möglichst sofort verfügbar sein muss.

Als Entdecker des Konditionierungsprinzips gilt der russische Mediziner und Nobelpreisträger Iwan Petrowitsch Pawlow. Er stellte bei seinen Untersuchungen über die Speichelsekretion von Hunden fest, dass einige der Versuchstiere bereits vor Beginn des Experimentes Speichel absonderten. Bei näherer Betrachtung handelte es sich um die Hunde, die schon länger im Labor waren und die Abläufe kannten. Um der Ursache dafür auf den Grund zu gehen, ließ Pawlow bei einer Gruppe von Hunden während der Verabreichung des Futters eine Glocke ertönen. Das führte dazu, dass nach einigen Wiederholungen der Glockenton allein ausreichte, um den Speichelfluss in Gang zu setzen.

Das von Pawlow entdeckte Prinzip ist Fluch und Segen zugleich. Es ist Segen, weil es ein effektives Lernprinzip ist. Es ist Fluch, weil es ein hohes manipulatives Potenzial hat. Die Konditionierung eines Menschen fängt mit dem Tag seiner Geburt an. Die meisten von uns lernen in den ersten Lebensjahren, dass sie nur dann „in Ordnung" sind, also Liebe, Zuwendung oder positive Beachtung erfahren, wenn sie bestimmte Verhaltensmuster an den Tag legen. Unerwünschte Verhaltensweisen werden sanktioniert. Im weiteren Verlauf unseres Lebens werden unsere Eltern nach und nach durch andere „Konditionierer" ersetzt.

Kapitel 02 -
Über Heuristiken

Meiner Überzeugung nach sind zwei Konditionierungen ausschlaggebend dafür, das wir uns so schwertun, unser klimaschädigendes Verhalten zu ändern. Einerseits haben wir gelernt, dass wir uns optimieren müssen. Das führt dazu, dass wir nicht in uns ruhen und davon abhängig sind, was die anderen von uns denken. Diese Grundunzufriedenheit ist der beste Nährboden für die zweite Konditionierung, unser Konsumverhalten. Wir versuchen unsere Traurigkeit, unsere Unzufriedenheit, unsere innere Leere mit Produkten und Erlebnissen „wegzukonsumieren".

Unter Spaß verstehen wir nicht, bzw. nicht mehr, die Gewinnung von Erkenntnissen über uns selbst, die Beschäftigung mit den Grundfragen des Seins oder die stille und ehrfürchtige Betrachtung von dem, was ist. Wir haben gelernt, dass Spaß darin besteht, dass uns jederzeit alles zur Verfügung steht. Deshalb brauchen wir Erdbeeren aus Chile im Winter, die zehnte Handtasche oder müssen unbedingt für 19 Euro zum Shopping nach London fliegen.

Kapitel 02 - Über Heuristiken

Die Wissenschaft, deren Forschung wir die Erkenntnisse über unser Verhalten zu verdanken haben, ist vor allem die Verhaltensökonomik. Einer ihrer exponiertesten Vertreter ist der Nobelpreisträger Daniel Kahneman. Er vertritt in seinem Bestseller „Schnelles Denken, langsames Denken" die These, dass wir auf zwei unterschiedlichen Stufen denken. Das „Schnelle Denken" ist der Normalzustand. Dabei nutzt unser Gehirn die bereits erwähnten Heuristiken, um möglichst schnell, möglichst gute Entscheidungen zu treffen. Dieses Prinzip macht uns „alltagstauglich". Ohne Heuristiken kämen wir in unserem Arbeits- und Privatleben kaum einen Schritt voran.

Laut Kahneman ist das „Schnelle Denken" aber nicht nur der Normalzustand, sondern es ist auch dominant. So kann „schnelles Denken" zur Ursache falscher Entscheidungen und irrationalen Verhaltens werden. Denn unser Gehirn bleibt auch dann im Modus des schnellen Denkens, wenn langsames Denken angebracht wäre. Es greift auch dann auf eine Daumenregel zurück, wenn sie auf die aktuelle Situation nur ungefähr passt. Das kann gut gehen, kann aber auch in die Irre führen. Warum tut sich unser Gehirn so schwer, in den Modus des langsamen Denkens umzuschalten? Die plausibelste Erklärung, die ich dafür gefunden habe, ist die, dass unser Gehirn auf Energiesparen programmiert und primär dafür da ist unsere Körperfunktionen zu steuern. Dahinter muss das energieintensive langsame Denken zurückstehen.

Um auf das eingangs erwähnte Beispiel des Radiomoderators zurückzukommen, es mag ja sein, dass die Entscheidung, mit dem Auto zum Sender zu fahren, statt mit öffentlichen Verkehrsmitteln, mit eingefahrenen Gewohnheiten zu erklären ist. Aber ich bin der Überzeugung, dass das, was wir „eingefahrene Gewohnheiten" nennen, nichts anderes ist, als Kahnemans „schnelles Denken". Ähnlich ist es vermutlich auch mit unseren Konditionierungen. Sie sind in unserem Gehirn als feste Einflussgrößen für das Treffen von Entscheidungen manifestiert. Über viele unserer Entscheidungen denken wir gar nicht nach, Ja, wir sind uns nicht einmal darüber im Klaren, dass es sich um eine Entscheidung handelt. Diese Erkenntnis ist der erste Schritt zum langsamen Denken und zu besseren Entscheidungen.

Was ist eigentlich „irrational"?

Wie bereits erwähnt, beschäftigt sich die Verhaltensökonomik mit der Frage, warum sich Menschen irrational verhalten. „Irrational" gehört zu den vielen Begriffen, die wir einfach nutzen, ohne sie zu hinterfragen (typisch „schnelles Denken"). Deshalb eine kurze Beleuchtung.

Sie stehen morgens an einer Kreuzung und beobachten den Verkehr. Noch sind nur wenige Autos unterwegs. Die Ampel ist rot. Ein Wagen (1) rollt immer langsamer werdend auf die Ampel zu und erreicht sie in dem Moment, wo die Ampel grün wird. In der nächsten Szene sehen Sie ein Auto (2), das sehr zügig auf die Ampel zukommt. Sie haben das Gefühl, dass der Fahrer ca. 100 Meter vor dem Rotlicht noch einmal leicht beschleunigt. Szene 3 bietet Ihnen einen Fahrer (3), der noch mal ordentlich Gas gibt und nur durch eine starke Abbremsung vor der Ampel gerade noch zum Stehen kommt. Wer verhält sich „irrational"?

Man ist leicht geneigt zu sagen, Fahrer Nr. 1 verhält sich rational, Fahrer Nr. 2 schon weniger, und Fahrer Nr. 3 verhält sich eindeutig irrational. Bei Nr. 1 ist die Situation ziemlich klar; er fährt ressourcenschonend. Für Nr. 2 und 3 scheinen Verschleiß und Umwelt kein Thema zu sein. Nehmen wir an, Fahrer Nr. 2 antwortet auf die Frage, warum er kurz vor der roten Ampel noch einmal leicht beschleunigt, er habe es eilig. Im Vokabular der Verhaltensökonomik würde man sagen, Nr. 2 habe das Ziel, möglichst pünktlich bei B anzukommen. Weil dieses Ziel durch eine Beschleunigung vor einer roten Ampel nicht

Kapitel 02 -
Über Heuristiken

erreichbar ist, handelt Nr. 2 irrational. Eine bessere Handlungsoption wäre z. B. eine frühere Abfahrt von Punkt A.

Angenommen, Nr. 3 antwortet auf die gleiche Frage, er habe ein „geiles" Auto und liebt die Beschleunigung ebenso, wie das scharfe Abbremsen. Demnach wäre sein Ziel, „Spaß haben". Kann man trotzdem sagen, Nr. 3 handele irrational? Natürlich kann man sein Beschleunigen und das scharfe Abbremsen z. B. aus ökologischer oder ökonomischer Perspektive als irrational bezeichnen. Aber aus der Perspektive des Fahrers passen Ziel und gewählte Handlungsoption zusammen.

Daraus kann man den Schluss ziehen, dass „irrationales Verhalten" eine Frage der Perspektive ist, aus der das Verhalten betrachtet wird. In jedem Fall braucht die Bewertung einer Entscheidung einen Maßstab. Wie die Beispiele zeigen, sind das die individuellen Ziele, die mit einer Entscheidung erreicht werden sollen. In dem Moment, wo Verhalten aus der individuellen persönlichen Perspektive des Entscheiders zwar rational sein mag, aber anderen schadet, wird es mit dem individuellen Maßstab problematisch. Insbesondere, wenn es sich um Verhalten handelt, das sich auf das Wohlergehen der Umwelt auswirkt, wird es zunehmen erforderlich, gemeinnützige vor eigennützige Ziele zu stellen.

Dabei muss das nicht zwingend ein Widerspruch sein. Das Problem ist, dass sich viele Menschen, ähnlich wie Nr. 2, ihrer tatsächlichen Ziele gar nicht bewusst sind. Wenn man bei Nr. 2 tiefer bohrt, kommt mit hoher Wahrscheinlichkeit zum Vorschein, dass auch Nr. 2 ein Interesse daran hat, die Betriebskosten seines Wagens möglichst gering zu halten und dass ihm auch die Umwelt nicht völlig egal ist.

Die fehlende Klarheit von Zielen ist neben unerkannter Heuristiken die zweite wesentliche Ursache für irrationale Entscheidungen und umweltschädigendes Verhalten.

Die Bedeutung von Zielen für unsere Entscheidungen

Das Beispiel mit den Autofahren zeigt, wie wichtig das Wissen um unsere Ziele für das treffen einer richtigen Entscheidung ist. Jemand, dem die Umwelt egal ist, hat bei seinen Entscheidungen sicherlich andere Ziele, als jemand, dem die Umwelt wichtig ist. Grundsätzlich gilt, dass jeder Entscheidung ein Ziel zugrunde liegt. Ohne Ziel treffen wir keine Entscheidung. Auch etwas nicht zu entscheiden, ist eine Entscheidung, der z. B. das Ziel zugrunde liegen mag, kurzfristig einen Konflikt zu vermeiden.

Selten ist es aber auch nur ein Ziel, dass wir mit einer Entscheidung erreichen wollen. Die Regel ist, dass wir ein ganzes Bündel von Zielen verfolgen. In der Regel sind wir uns dieser Ziele nur unterschwellig bewusst und geben uns mit einem übergeordneten Ziel zufrieden. Wenn jemand krank ist, hat er natürlich das Ziel, wieder gesund zu werden. Aber dieses Ziel ist zu pauschal, um auf dieser Basis eine „rationale" Entscheidung zu treffen. Ziele, die konkrete Handlungsoptionen bieten sind z. B. „schnell wieder gesund werden", „möglichst natürlich wieder gesund werden" oder „möglichst kostengünstig...". Je nach Ziel werden wir uns für eine andere Handlungsoption entscheiden.

Diese Zieldifferenzierung macht ein weiteres Entscheidungsproblem deutlich, das Bestehen von Zielkonflikten. Denn es kann durchaus sein, dass jemand sowohl möglichst schnell, als auch möglichst natürlich - also ohne Medikamente oder ohne Operation - wieder ge-

Kapitel 02 - Über Heuristiken

sund werden will. Beide Ziele stehen miteinander in Konflikt, denn Medikamente und Operationen sind dazu da, Heilungsprozesse zu beschleunigen.

Wenn wir eine rationale Entscheidung treffen wollen, müssen wir uns also die Mühe machen, unsere Ziele herauszufinden. Das ist mühsam und lästig, denn es zwingt uns zum langsamen Denken. Aber das ist nur der Anfang eines sauberen Entscheidungsprozesses. Denn, wenn wir unsere Ziele kennen, sollten wir über die Optionen nachdenken. In der Regel überspringen wir den ersten Schritt und überlegen uns gleich, welche Optionen infrage kommen und welche davon die beste ist. Die intensive Auseinandersetzung mit unseren Zielen hat den Vorteil, dass wir auf Optionen kommen können, die uns beim „schnellen Denken" verborgen geblieben wären.

Wenn uns die Optionen klar sind, kommt die entscheidende Voraussetzung für das Treffen einer guten Entscheidung. Wir müssen bewerten, wie gut die Optionen geeignet sind, die Ziele zu erreichen. Es liegt auf der Hand, dass das menschliche Gehirn damit schnell überfordert ist - spätestens wenn wir es mit 3 Zielen und 3 Optionen zu tun haben,. Es ist erstaunlich, dass wir beim Addieren von fünf Zahlen einen Taschenrechner nutzen, weil wir unserem Gehirn nicht trauen, aber beim Treffen selbst wichtiger Entscheidungen, die z. B. einen Einfluss auf unseren zukünftigen Lebenslauf haben, unserer Intuition vertrauen und auf Hilfsmittel beim Treffen der Entscheidung verzichten.

Ich habe für mich - leider erst nachdem ich aus Entscheidungsschaden klug geworden bin - eine Methode entwickelt, dir mir hilft, im Alltag bessere Entscheidungen zu treffen. Doch bevor ich diese Methode vorstelle, will ich noch kurz zum Thema „Intuition" Stellung nehmen. Denn immer wieder höre ich in Gesprächen mit Entscheidern, wie wichtig der Bauch sei und dass sie sich lieber beim Entscheiden auf ihr Bauchgefühl verlassen,

Kopf oder Bauch?
Das ist gar nicht die Frage!

Stellt man Menschen die Frage, was eine Bauchentscheidung eigentlich ist, hört man häufig die Antwort, es sei dem Gefühl, was für einen selbst richtig oder falsch sei. Allerdings, räumen die meisten „Bauchentscheider" ein, sei das Gefühl selten eindeutig.

Der typische Fall einer Bauchentscheidung ist der, ob ich einem bisher unbekannten Menschen, ein Mindestmaß an Vertrauen schenke oder nicht. Die Basis dafür sind das, was ich wahrnehme und meine Erfahrungen, die ich bisher mit fremden Menschen gemacht habe. Bei

der Wahrnehmung des fremden Menschen wirken Heuristiken, wie z. B. der **Primingeffekt (S. 106)**. Erinnert mich etwas von dieser Person an jemanden, mit dem ich

Kapitel 02 -
Über Heuristiken

negative Erfahrungen verbinde, sagt mein Bauch vermutlich „Vorsicht!", während mein Kopf vielleicht auf Basis der „Datenlage" sagt, „alles ok". Aber auch bei der Interpretation der Datenlage (die Domäne des Kopfes) können Heuristiken im Spiel sein, die zu falschen Beurteilungen führen.

Insofern ist die Frage nicht „Kopf oder Bauch", sondern die entscheidende Frage ist, wie man Heuristiken erkennen und kontrollieren halten kann - egal ob es sich um einen „Bauchentscheidung" oder um eine „Kopfentscheidung" handelt. Mit beiden Methoden kann man zu falschen Beurteilungen und damit zu falschen Entscheidungen kommen. Deshalb braucht der Bauch den Kopf und das „langsame Denken". Nebenbei bemerkt, sicherlich braucht der Kopf auch den Bauch, um eine gute Entscheidung zu treffen.

Heuristiken als Warnschilder

Ich hoffe, das aus meinen bisherigen Ausführungen klar geworden ist, dass Heuristiken keinesfalls pauschal zu verurteilen sind. Manche Erfindung wäre nicht gemacht, manches Unternehmen nicht gegründet und so manches politische Ziel wäre nicht erreicht worden, wenn bei den beteiligten Menschen nicht einer Heuristik, wie z. B. der bereits erwähnte **Overconfidence Bias** im Spiel gewesen wäre. Deshalb habe ich mich entschieden, die Heuristiken in diesem Buch mit Warnschildern darzustellen. Denn es geht vor allem darum, sie zu erkennen und sich ihrer bewusst zu sein.

Besser entscheiden mit der Advisory Board©- Methode

Wie bereits erwähnt, habe ich nachdem ich mit meinem Unternehmen gescheitert bin und Zeit hatte, über meine Fehlentscheidungen nachzudenken, eine Methode entwickelt, um bessere Entscheidungen zu treffen. Ich habe die Methode „**Advisory Board©**" genannt.

Ein Advisory Board ist ein je nach Bedarf aus Experten zusammengesetztes Gremium. Solche Gremien werden vor allem Unternehmen oder Parteien berufen, um sich bei wichtigen Fragen beraten zu lassen. Der Nutzen besteht darin, dass Sachverhalte aus unterschiedlichen Perspektiven beleuchtet werden und dass der Entscheider damit eine bessere Grundlage für seine Entscheidung hat.

Wenn wir eine einsame Entscheidung treffen, gehen wir ähnlich vor. Da wir uns in der Regel kein reales Advisory Board leisten können, simulieren wir mehr oder weniger solche Beratungsprozesse in unserem Kopf. Der Übergang von dieser Methode zum „Grübeln" ist fließend, denn nur allzuleicht drehen wir uns beim Durchdenken von Sachverhalten im Kreise - insbesondere, wenn Emotionen mit im Spiel sind.

Die **Advisory Board©**-Methode hilft uns nicht nur dabei, unsere Gedanken zu strukturieren und zu visualisieren sondern sie zeigt uns auch, welche Option der beste Kompromiss angesichts unserer zum Teil widersprüchlichen Ziele ist

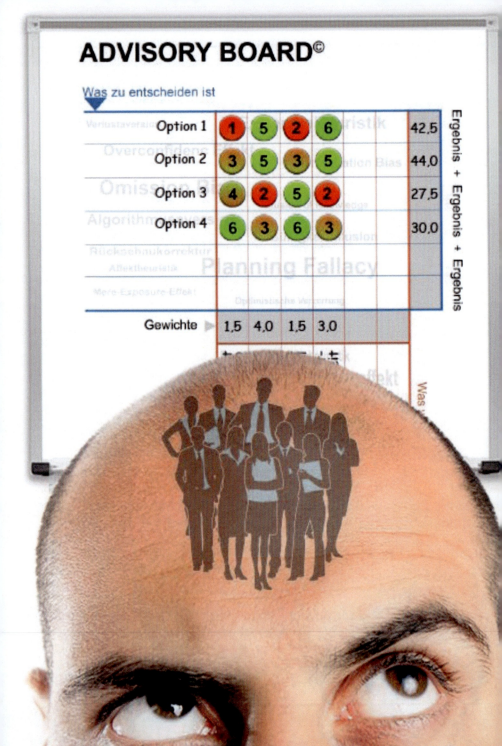

Die ursprüngliche Bestimmung des **Advisory Board**© war der Einsatz in Unternehmen. Das Board hängt in den Besprechungsräumen zahlreicher Unternehmen und hat sich vor allem bei der Moderation von Gruppenentscheidungen bestens bewährt. Aber es spricht nichts gegen den Einsatz im privaten Umfeld, um „einsame" Entscheidungen zu durchdenken oder z. B. in der Familie gemeinsam Entscheidungen zu treffen.

Für die Anwendung der Methode gibt es auch ein Instrument. Dabei handelt es sich um eine Magnettafel mit einer aufgedruckten Matrixstruktur und Bewertungsmagneten von 0 bis 6. Man kann es auf meiner Website, www.decident.de bestellen. Die Anwendung der Methode ist aber natürlich auch auf einem einfachen Flipchart oder einem Blatt Papier möglich. In diesem Fall reicht die Anleitung, die Sie ebenfalls auf der Website bestellen können. Dort können Sie sich auch kostenlos Formblätter mit der aufgedruckten Struktur herunterladen.

Ich möchte die Funktion der Methode an einem Beispiel zeigen, auf das ich im Rahmen des **Omission Bias** näher eingehe (vergl. S. 92). Renate war eine der „Mutigen", die bereit waren, mit mir über ihre umweltrelevanten (Fehl-)Entscheidungen zu sprechen. Ihre Tochter Claudia kam eines Tages nach Hause und fragte, warum ihre Eltern keine sogenannten „geretteten Lebensmittel" einkaufen. In Berlin gibt es, wie z. T. auch bereits in anderen großen Städten, Supermärkte, die sich auf den Handel mit Lebensmitteln spezialisiert haben, deren Mindesthaltbarkeitsdatum abgelaufen ist oder die bei den klassischen Supermärkten aus anderen (meist optischen) Gründen aus den Regalen genommen wurden (z. B. ‚SIRPLUS* in Berlin oder ‚The Good Food' in Köln).

Kapitel 02 -
Über Heuristiken

Renate lehnte Claudias Wunsch zunächst kategorisch ab. Auf die Gründe gehe ich im Rahmen des **Omission Bias** ein. An dieser Stelle will ich zeigen, wie es, nachdem Renate ihre verzerrte Wahrnehmung hinsichtlich der Qualität solcher Produkte ablegte, in Renates Familie weiterging.

Renate nahm das Interview mit mir zum Anlass, in ihrer Familie generell die Frage zu diskutieren, „Wo wollen wir in Zukunft vorwiegend unsere Lebensmittel einkaufen". Dazu nutzte die Familie das **Advisory Board©**. Die Methode führt in 5 Schritten durch den Entscheidungsprozess:

1. **Was ist überhaupt zu entscheiden?**
   Bereits die Formulierung der Entscheidungsfrage hat Einfluss auf die Entscheidung. Deshalb besteht der erste Schritt der Methode darin, sich auf eine möglichst konkrete Fragestellung festzulegen. Denn nicht selten haben Menschen, die eine gemeinsame Entscheidung treffen wollen, recht unterschiedliche Vorstellungen davon, was überhaupt zu entscheiden ist. Außerdem ist eine unpräzise Formulierung der Fragestellung das schlechteste Fundament für eine gute Entscheidung. Es ist ein typisches Symptom des „schnellen Denkens", dass wir uns selten die Mühe machen, die Entscheidungsfrage präzise zu formulieren.

2. **Was will ich mit meiner Entscheidung erreichen?**
   Auf Bedeutung der Formulierung konkreter Ziele bin ich bereits im Abschnitt „Die Bedeutung von Zielen für unsere Entscheidungen", Seite 30 ff, eingegangen. Bei einer Gruppenentscheidung ist es wichtig, dass jeder die Möglichkeit hat, Ziele einzubringen. Renate sammelt die Ziele ihrer Familienmitglieder und trägt sie in die „Was-ist-wichtig-Fel-

der" des **Advisory Board**© ein. Dabei wird ein Zielkonflikt deutlich. Denn die Ziele „Kleine Firmen unterstützen", „Mehr nachhaltige Lebensmittel einkaufen" und „Politisch einkaufen", sind kaum mit den Zielen „Nicht mehr Zeit zum Einkaufen" und „Keine höheren Kosten"„ zu vereinbaren

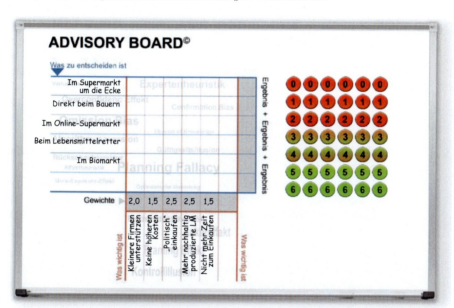

3. Wie wichtig ist mir welches Ziel?
Selten kann eine Option alle Ziele gleichermaßen gut erfüllen. Deshalb - und auch um die Zielkonflikte zu berücksichtigen - müssen die Ziele im dritten Schritt gewichtet werden. Dazu bieten sich unterschiedliche Methoden an. Wichtig ist nur, dass die Methode der Wahl konsistent ist und dafür sorgt, dass alle Teilnehmer der Entscheidung dabei berücksichtigt werden. In diesem Fall entscheidet sich die Familie für die Verteilung von 10 Punkten auf ihre 5 Ziele.

4. Was sind meine Handlungsoptionen?
Im nächsten Schritt werden die Optionen in die Matrix eingetragen, die letztendlich zu entscheiden sind.

Kapitel 02 - Über Heuristiken

5. Wie gut ist welche Option geeignet?

Der entscheidende Schritt ist die Beantwortung der Frage, wie gut eine Option geeignet ist, die Ziele zu unterstützen. Wenn wir uns überhaupt die Mühe machen, dann geben wir uns in der Regel mit sehr unpräzisen Antworten zufrieden. Die **Advisory Board**©-Methode „zwingt" dazu, die Optionen quantitativ zu bewerten. Dazu stehen Magnete zur Verfügung - mit Werten zwischen 0 (die Option ist überhaupt nicht geeignet, die Erreichung des Ziels zu unterstützen) bis 6 (die Option ist perfekt geeignet...). Die Magnete werden dort platziert, wo ein Ziel eine Option schneidet. Die Familie entscheidet sich für den Wert 2 bei der Bewertung der Option „Im Supermarkt um die Ecke" im Hinblick auf das Ziel „Kleinere Firmen unterstützen", für den Wert 6 im Hinblick auf das Ziel „Keine höheren Kosten" und so weiter. Diese Methode ist zwar nicht sehr präzise, und natürlich fehlt ein valider Maßstab. Aber dafür ist sie praktikabel und einfach anzuwenden. Vergleiche mit komplexeren Methoden, die uns die Entscheidungstheorie zur Verfügung stellt, zeigen, dass sie in den allermeisten Fällen ausreicht. Bei der Methode kommt es auch gar nicht so sehr auf die abschließende Berechnung der Entscheidung an, sondern vielmehr um das strukturierte Durchdenken des Entscheidungsproblems.

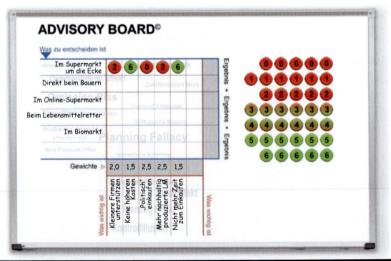

Auf diese Art und Weise wird jede einzelne Option Schritt für Schritt bewertet. Die numerische Bewertung der Optionen hilft auch dabei, Heuristiken zu identifizieren. Denn natürlich basieren die Bewertungen in der Regel auch nur auf subjektiven Einschätzungen und auf Halbwissen. Dazu zwei Anmerkungen: Zum einen hilft diese Art der Bewertung von Optionen dabei, zu erkennen, wo Wissensdefizite bestehen. Es liegt dann am Entscheider, diese in Kauf zu nehmen oder sich die fehlenden Informationen zu beschaffen. Zum anderen hilft die Gruppendynamik dabei, den Einfluss von Heuristiken zu reduzieren. Denn wenn im Rahmen einer Bewertung verzerrte Wahrnehmungen im Spiel sind, neigt der / die einzelne dazu, der Option einen zu hohen oder zu niedrigen Wert zuzuordnen. Die Diskussion in der Gruppe dürfte in der Regel zu einer Korrektur der Bewertung führen.

Abschließend kann die Entscheidung berechnet werden. Dazu werden die Werte in den Zeilen mit den Gewichten multipliziert und anschließend die Ergebnisse in den Zeilen addiert. So hat die Option „Im Lebensmittelmarkt um die Ecke" einen Entscheidungswert von 27,0 Punkten, während die Option „Im Biomarkt" mit 39,5 Punkten den höchsten Entscheidungswert hat.

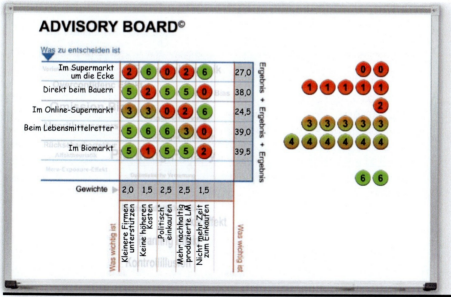

Kapitel 02 - Über Heuristiken

Das Prinzip zeigt auch, wie relevant die Gewichtung der Ziele ist. Wären der Familie z. B. die Ziele „Keine höheren Kosten" oder „Nicht mehr Zeit zum Einkaufen" wichtiger gewesen, wäre das Ergebnis ein anderes gewesen.

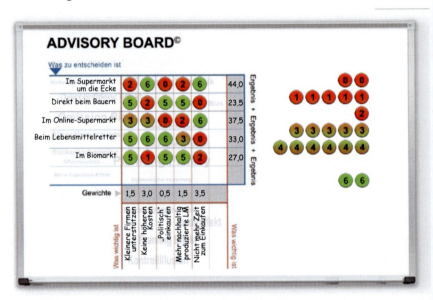

Wie bereits erwähnt, geht es bei der Methode gar nicht so sehr um die exakte Berechnung einer Entscheidung, sondern mehr um das strukturierte Durchdenken der Fragestellung. In diesem Kontext ist auch das Ergebnis zu interpretieren. Wenn Renates Familie ihre Ziele und deren Gewichtung ernst nimmt, wird sie in Zukunft mehr Produkte im Biomarkt kaufen, häufiger gerettete Lebensmittel einkaufen und öfters einen Wochenmarkt oder den Bauern direkt besuchen.

Kapitel 03

Auch Politiker sind schlechte Entscheider

Wir sind miserable Entscheider. Das wäre an sich kein Problem, wenn wir noch in einer Welt leben würden, wo die Entscheidungen einzelner keine großen Auswirkungen auf andere oder gar auf alle hätten. Das eigentliche Problem ist nicht einmal, dass wir schlechte Entscheider sind, sondern dass die meisten von uns davon überzeugt sind, sie seien gute Entscheider. Es ist ähnlich, wie bei den Autofahrern. 80% aller Autofahrer halten sich für überdurchschnittlich gute Autofahrer.

Ein wesentlicher Grund dafür ist eine Heuristik, die die Verhaltensökonomen als „**Overconfidence Bias**" (vergl. S. 102 ff) bezeichnen. Der bereits erwähnte Forscher Daniel Kahneman (vergl. „Denk' langsam, wenn Du's eilig hast", Seite 26) bezeichnet die Neigung zur Selbstüberschätzung als Mutter aller Heuristiken, die sich in allerhand Spielarten äußert, denen Sie zum Teil auch in diesem Buch begegnen werden. Ich halte den **Overconfidence Bias** für ein Grundproblem unserer Gesellschaft und für die zentrale Ursache dafür, dass viele Menschen schlechte Entscheidungen treffen. Denn wer nicht an seiner Entscheidungskompetenz zweifelt oder zumindest darüber nachdenkt, hat auch keinen Grund, die Qualität seiner Entscheidungen und die Art und Weise, wie er sie trifft, zu hinterfragen und ggf. zu verbessern.

Dass wir diesem Phänomen auch an den Schaltstellen von Wirtschaft und Politik begegnen, können wir täglich in den Zeitungen lesen. Nichts anderes sagen auch die Ergebnisse meiner Interviews, die ich im Jahr 2017 jenseits der Thematik dieses Buches mit Politikern und Managern geführt habe. In diesem Kapitel stelle ich zunächst einige Ergebnisse dieser Befragung vor und zeige anschließend an einem Beispiel aus der Klimapolitik, wie schlechte Entscheidungen von Politikern den Status Quo des CO_2-Verbrauchs festschreiben.

Der Overconfidence Bias in Wirtschaft und Politik

50 Entscheider aus Wirtschaft und Politik waren bereit, sich meinem Interview zu stellen, das den Zweck hatte, ihre eigenen Entscheidungen und die Entscheidungskultur des Unternehmens, für das sie arbeiten / der Partei, für die sie tätig sind, zu beleuchten.

An dieser Stelle will ich nur auf zwei Ergebnisse hinweisen. Die Antworten auf die Fragen 1 und 2 deuten ein Kernproblem unserer Gesellschaft an: wir halten uns für gute Entscheider. Mehr noch, wir halten uns für überdurchschnittlich gute Entscheider (die Quote der eigenen Fehlentscheidungen, Frage 1, wird geringer eingeschätzt, als die von anderen, Frage 2). Meine Überzeugung ist, dass diese Selbstüberschätzung (**Overconfidence Bias**) nicht nur ein Hauptgrund für falsche Entscheidungen ist, sondern uns auch daran hindert, bessere Entscheider zu werden.

Der zweite Aspekt, auf den ich hinweisen will, zeigt sich in der Antwort auf Frage 3. Nach Meinung meiner Interviewpartner sind 20% der krankheitsbedingten Arbeitstage in ihren Institutionen auf falsche Entscheidungen zurückzuführen. Wir kennen die rapide steigenden Zahlen psychischer Erkrankungen. Meine These ist, dass ein Teil davon auf falsche Entscheidungen von Vorgesetzten zurückzuführen sind, und ein weiterer Teil auf die falschen Entscheidungen der Betroffenen, vor allem im Vorfeld, aber auch im Laufe der Entwicklung ihrer Erkrankung.

Kapitel 03 -
Auch Politiker sind schlechte Entscheider

1. Wie schätzen Sie Ihre Quote falscher zu richtiger Entscheidungen ein? 1:0,8

2. Wie schätzen Sie die Quote insgesamt ein Ihrer Institution ein? 1:1,8

3. Wie viel Prozent der krankheitsbedingten Ausfalltage sind Ihrer Einschätzung nach auf falsche Entscheidungen zurückzuführen? 20%

Auszug der Ergebnisse meiner Untersuchung "Entscheidungskultur in Wirtschaft und Politik" (50 persönliche Interviews im Jahr 2017 in Berlin), Der komplette Report kann auf meinen Website (www.bietehirn.de) angefordert werden.

Herrn Scheuers Entscheidung gegen ein Tempolimit

Ende Januar 2019 erschien im Spiegel die Kolumne, „Der Menschenverstand ist ein Schwachkopf". Darin kommentiert der Autor die Entscheidung von Bundesverkehrsminister Scheuer gegen ein Tempolimit auf Autobahnen. Scheuer hatte sein Nein damit kommentiert, ein Tempolimit verstoße gehen jeden Menschenverstand. Natürlich ist das Nein von Herrn Scheuer noch keine offizielle Entscheidung der Bundesregierung gegen ein Tempolimit, aber immerhin hat Herrn Scheuer als Verkehrsminister damit ein deutliches Zeichen gesetzt.

Für mich steht das Statement gegen ein Tempolimit stellvertretend für eine Vielzahl unverständlicher und klimafeindlicher Bestimmungen, die zum Beispiel dazu beitragen, dass es billiger ist, von Berlin nach Frankfurt oder Rom, zu fliegen, als mit der Bahn zu fahren. Wenn man diese Entscheidungen analysiert, steckt meist nichts anderes, als das Gezerre von Lobbyisten und die Berücksichtigung der Interessen der jeweiligen Wählerschaft dahinter. Das möchte ich am Beispiel der Diskussion über das Tempolimit auf deutschen Autobahnen mit Hilfe des **Advisory Board**© zeigen. Denn die Methode eignet sich nicht nur zum Treffen von guten Entscheidungen, sondern auch zur Analyse von bereits getroffenen Entscheidungen. Natürlich ist meine Analyse rein spekulativ und basiert auf dem, was ich aus den Medien erfahren habe. Aber das ist legitim, schließlich bin ich Wähler und als solcher habe ich kaum bessere Möglichkeiten, mir eine Meinung zu bilden.

Kapitel 03 -
Auch Politiker sind schlechte Entscheider

Entsprechend der Struktur der Methode frage ich mich zunächst, welche Ziele die Grundlage von Herr Scheuers Entscheidung gewesen sein könnten. Ich gehe davon aus, dass der Verkehrsminister die gleichen Ziele im Auge hat, die die meisten seiner Wähler auch haben. Wir wollen die Umwelt schonen und dass weniger von uns im Straßenverkehr sterben. Schließlich hat er bei seinem Amtseid geschworen, dem Volk, also uns, zu dienen. Aber als Politiker, der den Interessen des ganzen Volkes verpflichtet ist, muss Herr Scheuer natürlich auch die Interessen der Menschen im Blick haben, deren Arbeitsplätze von einer erfolgreichen Autoindustrie abhängen. Das ist legitim. Nicht ganz so legitim, aber verständlich ist, wenn er auch die Interessen seiner Wähler im Auge hat. Ich trage die Ziele in die entsprechenden Felder des **Advisory Board**© ein. Im nächsten Schritt werden die Optionen festgelegt, die infrage kommen. Auch das ist kein Hexenwerk. Ich schreibe sie auf die Magnettafel.

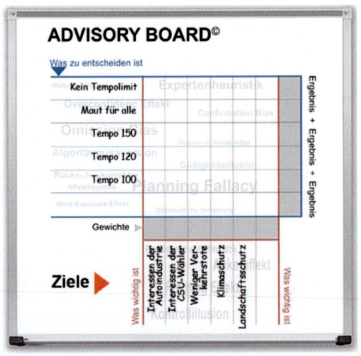

Jetzt kommen die beiden entscheidenden Schritte, die Bewertung der Optionen und die Gewichtung der Ziele. Wie die Methode genau funktioniert habe ich bereits im Kapitel „Besser entscheiden mit der Advisory Board©", Seite 34 ff, vorgestellt.

Ich platziere einen Magneten mit dem Wert „6" in das Feld, wo das Ziel „Interessen der Autoindustrie" auf die Option „Kein Tempolimit" trifft. Das bedeutet, dass diese Option sehr gut geeignet ist, die Interessen der Autoindustrie zu vertreten. In das Feld, wo das Ziel „Weniger Verkehrstote" auf die Option „Kein Tempolimit" trifft, platziere ich den Wert „0", weil die Option überhaupt nicht geeignet ist, das Ziel zu erreichen.

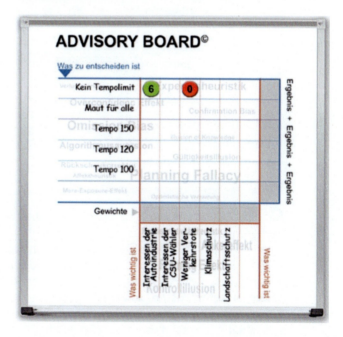

Kapitel 03 -
Auch Politiker sind schlechte Entscheider

Auf diese Art und Weise bewerte ich jede Option für jedes Ziel. Ich unterstelle mal, dass Herr Scheuer mir bei den meisten Bewertungen recht geben würde.

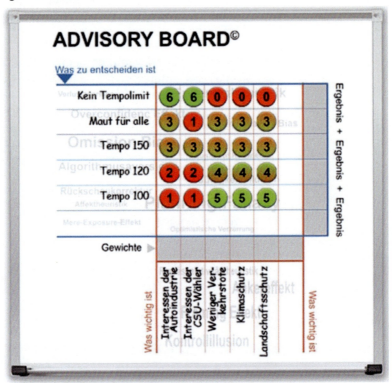

Auf dieser Basis kann man nun berechnen, welches die beste Option ist. Vorher muss man allerdings die Ziele gewichten. Denn je nach Gewicht, kommen unterschiedliche Ergebnisse dabei heraus. Die Gewichtung der Ziele ist vor allem deshalb nötig, weil die Ziele zum Teil in Konflikt miteinander stehen. So ist z. B. das Ziel „Klimaschutz" kaum mit dem Ziel „Interessen der Autoindustrie" zu vereinbaren. Dennoch haben beide Ziele ihre Berechtigung. Wie groß ihr Einfluss auf das Entscheidungsergebnis sein soll, hängt eben von dieser Gewichtung ab.

Für die Gewichtung der Ziele verteile ich 10 Punkte. Ich persönlich würde die Ziele „Klimaschutz" und „Weniger Verkehrstote" relativ hoch gewichten. Die Interessen der CSU-Wähler müssen mich zum Glück nicht interessieren, deshalb gewichte ich sie mit Null. Natürlich sehe ich auch die Interessen der Autoindustrie, aber ich gewichte sie mit 2,0 geringer, als das Klimaziel oder das Ziel „weniger Verkehrstote". Um das Ergebnis zu berechnen, muss ich nun die Werte in den Feldern mit den Gewichten multiplizieren und die Ergebnisse der Zeilen addieren. Daraus ergibt sich, dass die Option „Kein Tempolimit" am wenigsten geeignet ist, die Gesamtheit meiner gewichteten Ziele zu erreichen.

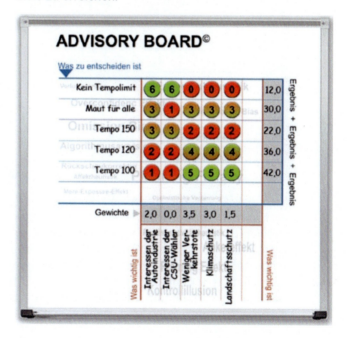

Kapitel 03 -
Auch Politiker sind schlechte Entscheider

Das Entscheidungsergebnis ändert sich in Richtung „kein Tempolimit", je höher man die Ziele „Interessen der Autoindustrie" und „Interessen der CSU-Wähler" berücksichtigt. Egal, wie ich es drehe und wende, ich muss Herrn Scheuer unterstellen, dass ihm Ziele mit Eigennutz wichtiger sind, als die Ziele, die der Gesamtheit der Bevölkerung nutzen. Ich sehe keine andere Begründung für sein Votum gegen ein Tempolimit.

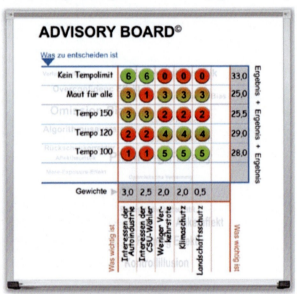

Die Analyse von Herrn Scheuers Entscheidung zeigt meines Erachtens auch eine wichtige Ursache für die viel zitierte Politikverdrossenheit. Natürlich analysieren die wenigsten Wähler und schon gar nicht die Nichtwähler politische Entscheidungen in dieser Tiefe. Aber die Menschen spüren, dass an vielen Entscheidungen irgendetwas faul ist. Am meisten stört vermutlich das Schminken von Entscheidungen. Vielleicht wäre Herrn Scheuer und der Politik viel mehr damit geholfen, wenn er die Karten offen auf den Tisch legen würde. Aber es gehört eine Menge Mut dazu, zu erklären, dass einem die Interessen der Autoindustrie (auch wenn es dem Erhalt von Arbeitsplätzen dient) wichtiger sind, als die Reduktion der Anzahl an Verkehrstoten.

Kapitel 4

Entscheidungsfallen

beim CO2-Verbrauch

Die Pioniere auf dem Gebiet der Erforschung der Heuristiken sind der Nobelpreisträger Daniel Kahneman und sein langjähriger Kollege Amos Tversky. Ihre ersten Arbeiten wurden Anfang der 70iger Jahre publiziert. Inzwischen ist eine Vielzahl von Heuristiken in der Literatur beschrieben.

In den vergangenen 3 Jahren habe ich mehr als 200 Menschen hinsichtlich ihrer Entscheidungen interviewt und darüber mehrere Bücher verfasst, die sich mit den Fehlentscheidungen unterschiedlicher Subgruppen, wie z. B. Patienten oder Manager, befassen. In diesem Buch geht es um die Subgruppe der „Umweltsünder" (die sich sicherlich auch unter den Patienten oder Managern finden).

Interessanterweise (oder auch nicht) findet man immer wieder die gleichen Heuristiken bei allen Subgruppen. Das heißt natürlich nicht, dass die Heuristiken, die ich in diesem Kapitel beschreibe, repräsentativ sind. Ebenso wenig kann man behaupten, alleine das Wissen um Heuristiken und deren Entlarvung beim Treffen einer Entscheidung, könne das Problem des irrationalen Verhaltens lösen. Aber es ist immerhin ein Anfang und ein hilfreiches Instrument zur Verbesserung des eigenen Entscheidungsverhaltens.

Diesen Heuristiken bin ich am häufigsten begegnet:

1 **Affekttheuristik**
Wir schätzen die Risiken unseres Handelns umso geringer ein, je größer uns der Nutzen erscheint. Umgekehrt, neigen wir dazu, den Nutzen gering einzuschätzen, wenn die Risiken aufgeblasen werden. Die Affektheuristik war im Spiel, als sich Sven gegen den Kauf eines Elektroautos entschied.

2 **Algorithmusaversion**
Menschen sind Statistiken und Prognosen gegenüber generell skeptisch eingestellt, besonders aber dann, wenn sie ihrer Überzeugung zuwiderlaufen. Das ist sicher einer der Hauptgründe dafür, warum Menschen, die nicht an einen menschengemachten Klimawandel glauben, so schwer zu überzeugen sind. Damit kann man so manches klimaschädliche Verhalten rechtfertigen.

3 **Confirmation Bias**
Wir neigen dazu, Informationen zu ignorieren, die unserer eigenen Einschätzung zuwiderlaufen. Gleichzeitig neigen wir zur Überbewertung von Informationen, die unserer Einschätzung entsprechen. Der Confirmation Bias ist eine der häufigsten Ursachen für klimaschädigendes Verhalten, wie das Beispiel von Beate und Georg zeigt, die sich gegen einen Ökostromanbieter entschieden haben.

Kapitel 04 - Entscheidungsfallen beim CO2-Verbrauch

Framingeffekt
Der Framingeffekt besagt, dass die Art und Weise, wie eine Information präsentiert wird, große Auswirkungen auf unsere Beurteilungen und unsere Entscheidungen hat. Würde Fleisch in unseren Supermärkten ähnlich präsentiert, wie Zigaretten, würden manche Menschen anders über ihren Fleischkonsum denken.

Gültigkeitsillusion
Wir neigen zu der Überzeugung, dass unsere Informationsbasis über einen Sachverhalt alles umfasst, was darüber zu wissen nötig ist. Aus diesen Informationen konstruieren wir eine Geschichte, die so gut ist, dass wir daran glauben können. Diese Heuristik findet man vor allem bei Menschen, die uns gerne ungefragt die Welt erklären. Dass sie auch zu Umweltsünden führen kann, liegt daran, dass man sich „dank" der Gültigkeitsillusion so manches Verhalten „schönreden" kann - z. B. auch das Kaufen von Äpfeln aus Neuseeland.

Illusion of Knowledge
Wir neigen zu der Überzeugung, dass wir mit mehr Informationen bessere Entscheidungen treffen. Insofern ist die Illusion of Knowledge das Gegenteil der Gültigkeitsillusion. Diese Heuristik trägt dazu bei, dass Gerd und Kati immer noch ihren alten stromfressenden Kühlschrank haben.

Omission Bias
Wir behalten unseren bisherigen Kurs oft bei, weil wir das Risiko einer Änderung höher einschätzen, als das Risiko, das die Beibehaltung des Kurses in sich birgt. Der Omission Bias war z. B. im Spiel, als sich Claudia gegen den Kauf sogenannter „geretteter" Lebensmittel entschied.

Optimistische Verzerrung
Wir neigen dazu, uns gedanklich eine positive Zukunft zu schmieden und blenden dabei gerne alle Statistiken und Informationen aus, die uns dabei im Weg stehen. Diese Heuristik hat, wie die meisten anderen auch, durchaus auch Vorteile. Denn Optimisten kommen bekanntlich leichter durch Leben. Wann Optimismus zur „Optimistischen Verzerrung" wird, hängt von der Dosis ab.

Overconfidence Bias
Der Nobelpreisträger Daniel Kahneman und einer der exponiertesten Heuristikforscher, bezeichnet die Neigung zur Selbstüberschätzung als Mutter aller Heuristiken, die sich in allerhand Spielarten äußert. Weit verbreitet ist er z. B. bei Autofahrern. Manche hindert er daran, mit dem Auto statt mit dem Flugzeug zu reisen. Ja, je nach Auto, kann Fliegen tatsächlich umweltfreundlicher sein. Besser ist es natürlich, mit der Bahn zu fahren.

Kapitel 04 - Entscheidungsfallen beim CO2-Verbrauch

10

Primingeffekt
Es mag unfair sein, ein einzelnes Unternehmen in diesem Buch an den Pranger zu stellen. Dass ich es dennoch tue, hat nichts mit der zufälligen Namensähnlichkeit des Discounters „Primarkt" mit dem Primingeffekt zu tun. Ich habe in einem Primarkt in Berlin drei Teenager getroffen, die gerade von einer „Fridays for Future"-Demo kamen. Natürlich musste ich sie ansprechen. Ihr Argument war, dass Primarkt ja nun auch „nachhaltig" ist - ein klassischer Fall von Primingeffekt.

11

Simulationsheuristik
Wir glauben Informationen umso mehr, je besser wir sie uns vorstellen können. Das spielt nicht nur eine Rolle bei der Frage, ob wir alte, stromfressende Geräte durch neue ersetzen sollten, wie im Fall von Gerd und Kati (siehe „Illusion of Knowledge").

12

Verfügbarkeitsheuristik
Wir neigen dazu, uns bei einem Urteil auf Informationen zu verlassen, die leicht verfügbar sind. Dieser Heuristik gingen Claudia und Peter genauso auf den Leim, als sie sich für eine Kreuzfahrt entschieden, wie Herbert, der nicht zum Vegetarier wurde, weil er meinte, damit zur mehr Rodung des Regenwaldes beizutragen, als mit seinem Fleischkonsum.

1 Affektheuristik

Je sympathischer uns eine Idee ist, umso stärker haben wir den Nutzen im Fokus, während wir die Risiken weitgehend ausblenden. Umgekehrt, je stärker die Abneigung gegen eine Idee, umso höher bewerten wir die Risiken und umso geringer den Nutzen.

Sven entscheidet sich gegen ein Elektroauto. Der Grund dafür liegt in der Affektheuristik. Die Idee ist ihm einfach nicht sympathisch, also findet er genug Gründe, die dagegen sprechen,

Als ich Sven kennenlernte, hat er mir stolz seinen neuen Wagen gezeigt. Einen SUV (Sport Utility Vehicle = Geländewagen). Seine Beschreibung des Fahrzeugs, der Art und Weise, wie er es entdeckt hat und wie geschickt er bei der Verhandlung mit dem Autohändler vorgegangen ist, weckte in mir die Assoziation eines Lagerfeuers in der Steinzeit, wo der Jäger seine Beute präsentiert und erzählt, wie er diesen einzigartigen und gefährlichen Büffel letztendlich nach langem Kampf erlegt hat.

Ich fragte Sven, ob es für Menschen, insbesondere, wenn sie in einer Stadt wohnen, noch politisch korrekt sei, sich ein solches Auto zu kaufen. Sven meinte, er hätte natürlich auch über ein Elektroauto nachgedacht, zumal gerade seine Stadt bereits über ein recht gut ausgebautes Netz an Tanksäulen für Elektroautos verfügt. Im gleichen Atemzug listete er mir aber auch die Gründe auf, warum er sich dagegen entschieden hat.

Dabei zeigte sich, dass Sven gleich einem ganzen Bündel von Entscheidungsfallen auf den Leim gegangen ist. Um herauszufinden, welche Rolle die **Affektheuristik** gespielt hat, habe ich ihn gebeten, auf einer Skala von -5 bis +5 zu bewerten, wie sympathisch er die beiden Op-

Du lebst schließlich nur einmal!

tionen (SUV und Elektroauto) zum Zeitpunkt seiner Entscheidung fand und welchen Nutzen er mit der jeweiligen Option verband),

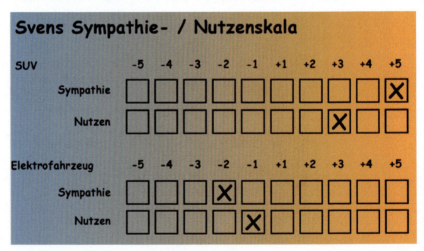

Das Ergebnis spricht sehr dafür, dass Sven bei seiner Entscheidung für den SUV der **Affektheuristik** auf den Leim gegangen ist. Je mehr wir von einer Idee begeistert sind, umso höher schätze wir den Nutzen und umso geringer die Nachteile und Risiken ein.

1. Affekttheuristik

Tipp

Blick auf die wirklichen Ziele!

Die **Affektheuristik** ist bei vielen Alltagsentscheidungen im Spiel. Mit Sätzen wie „weil ich es mir wert bin" oder „ich bin doch nicht blöd" hebeln wir das „langsame Denken" aus und lösen die Bremsen der Vernunft. Dann essen wir doch noch das eine Stück Kuchen, obwohl wir abnehmen wollen, trinken doch noch den kleinen Rest aus der Weinflasche oder kaufen uns doch das teurere Handy. Wir treffen Entscheidungen, die wir hinterher bereuen, weil wir gegen unsere eigentlichen Interessen handeln.

In solchen Fällen hilft es oft, sich seine tatsächlichen Bedürfnisse hinter den vordergründigen bewusst zu machen und die Entscheidung für einen angemessenen Zeitraum zu vertragen. Um in den Modus des Langsamdenkens zu kommen, können, z. B. im Fall des Stück Kuchens schon 5 Minuten ausreichen.

Wichtig ist, dass wir die Zeit nutzen, uns unserer tatsächlichen Ziele klar zu machen und uns ins Bewusstsein zu rufen, dass wir langfristig einen hohen Preis für einen kurzfristigen Lust- / oder Glückgewinn zahlen.

Kapitel 04 -
Entscheidungsfallen beim CO2-Verbrauch

Das Beispiel zeigt, dass bei einer Fehlentscheidung nicht unbedingt eine Heuristik alleine im Spiel ist. Oft ist es so, dass eine Heuristik dominant ist und von anderen Heuristiken verstärkt wird. So hätte Sven vermutlich auf den SUV verzichtet, wenn er nicht die Argumente ausgeblendet oder negativ bewertet hätte, die für ein Elektroauto sprachen. Je mehr solche unterstützenden Heuristiken mitwirken, umso stärker wird die dominante Heuristik. Deshalb ist es sinnvoll, möglichst mehrere Strategien zur Beseitigung von Entscheidungsfallen zu kennen und anzuwenden.

1. Affektheuristik

Das Affektheuristik-diagramm

Die **Affektheuristik** ist eine der häufigsten Entscheidungsfallen, denen ich im Rahmen meiner Interviews begegne. Mal ist sie die dominante Heuristik, mal ist sie der letzte Impuls, der die Fehlentscheidung ausgelöst hat. Deshalb gehe ich auf diese Entscheidungsfalle besonders intensiv ein.

Eine Methode, wie man sie erkennen kann, habe ich mit der Sympathie- / Nutzenskala bereits angedeutet. Die Skala alleine sagt allerdings nur aus, wie der Entscheider die Optionen einschätzt. Um herauszufinden, ob man mit dieser Einstellung einer verzerrten Wahrnehmung auf den Leim geht, ist es sinnvoll, Menschen hinzuzuziehen, die keinen emotionalen Bezug zu der Entscheidung und keine besondere Präferenz für die eine oder andere Option haben.

Sven könnte z. B. im Rahmen seiner Entscheidung ein paar Freunde fragen, wie sympathisch sie die Idee finden, dass er sich einen SUV kaufen will. Dazu kann er die bereits beschriebene Skala nutzen und die Werte anschließend in das nebenstehende Koordinatensystem eintragen. Gleiches könnte er auch mit den Einschätzungen seiner „Berater" hinsichtlich des Nutzen tun. Das Diagramm macht deutlich, dass Svens „Berater" den Nutzen eines SUV geringer einschätzen und auch weniger Sympathie für die Idee haben.

Kapitel 04 -
Entscheidungsfallen beim CO2-Verbrauch

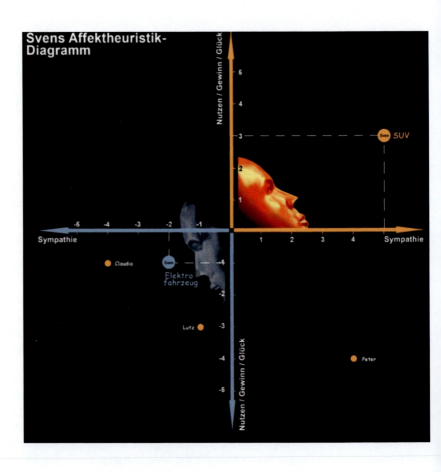

Affektdiagramm (Peter Jungblut)

1. Affektheuristik

Die Analyse von Svens Entscheidung mit dem Advisory Board©

Sven war bereit, seine Entscheidung per **Advisory Board©** auf den Prüfstand zu stellen. Dabei zeigte sich, dass er Fahrspaß erheblich höher gewichtete, als die umweltrelevanten Einflusskriterien. Sven räumte ein, dass er sich bei seiner Entscheidung seiner Ziele in dieser Differenziertheit nicht im klaren war. Die Analyse zeigt, wie stark Svens Entscheidung von seiner Gewichtung der Ziele abhängt. Die blauen Ziffern zeigen Svens Gewichtung und das entsprechende Entscheidungsergebnis am Anfang unseres Interviews. Nach unserem Gespräch über Heuristiken, hat Sven seine Gewichtungen korrigiert (schwarze Ziffern). Entsprechend hat nach der Korrektur die Option „Elektro-Auto" die meisten Entscheidungspunkte.

Kapitel 04 -
Entscheidungsfallen beim CO2-Verbrauch

Bei der Affektheuristik ist ein emotionaler Eindruck die Urteilsgrundlage des Entscheiders. Das kann zu Verzerrungen der Nutzen- und Risikobewertung führen. Das Ausmaß der Verzerrung hängt von der emotionalen Bedeutung des Stimulus für den Entscheider ab.

Slovic, P., Finucane, M., Peters, E. and MacGregor, D. (2002). Rational Actors or Rational Fools: Implications of the Affect Heuristic for Behavioral Economics. Journal of Socio-Economics 31, 329–342.

Algorithmus-aversion

Menschen sind Statistiken und Prognosen gegenüber generell skeptisch eingestellt, besonders aber dann, wenn sie ihrer Überzeugung zuwiderlaufen,

Die Algorithmusaversion ist für viele Menschen eine Hintertür, um klimaschädliches Verhalten zu rechtfertigen. Von Marc Twain soll das Zitat stammen, Prognosen seien unsicher, vor allem, wenn sie die Zukunft beträfen. Klingt witzig, ist aber für den, der damit nicht umzugehen weiß, ein Blankoablass.

Es war ein heißer Tag in Berlin im Juli dieses Jahres. Neuer Hitzerekord. Ich fuhr mit der Fähre über den Wannsee, als ich ungewollt das Gespräch von zwei Männern mitbekam. Der eine meinte, dass dieser Sommer nicht mit dem Jahrhundertsommer 1947 zu vergleichen sei. Der Rheinpegel fiel damals auf 90 cm. Der andere kommentierte das lachend mit der Frage, ob wohl damals die CO_2-Belastung ähnlich hoch war, wie heute.

Ich mischte mich in das Gespräch ein und sagte, was man zur Differenzierung von üblichen Wetterschwankungen und menschengemachtem Klimawandel halt so sagen kann. Zur Untermauerung meines Standpunktes brachte ich das Argument, dass die CO_2 Konzentration heute um fast 50% höher ist, als zur Zeit vor der industriellen Revolution und dass die allermeisten Forscher, aller Bemühungen zum Trotz, einen weiteren Anstieg prognostizierten.

Meine Gesprächspartner ließen das nicht gelten. Sie hätten schon so viele Prognosen erlebt, die sich hinterher als falsch erwiesen. Außerdem sei das Klima eine so komplexe Angelegenheit, dass keine Software und kein Hochleistungsrechner der Welt in der Lage seien, wirk-

„...widdewidde wie sie mir gefällt..."
(aus „Pipi Langstrumpf)

lich ernst zu nehmende Prognosen zu berechnen.

Meine Antwort darauf war, dass umweltschonendes Verhalten nicht davon abhängen sollte, ob man solchen Prognosen Glauben schenkt oder nicht. Zumindest besteht ein Risiko, dass sich CO2-Emissionen negativ auf das Klima und damit unsere Lebensqualität auswirken können. Das kann kein CO2-Skeptiker abstreiten.

Inzwischen war die Fähre am anderen Ufer des Wannsees angekommen, ohne dass wir uns einen Schritt näher gekommen sind. Ich habe dieses Beispiel in mein Buch aufgenommen, weil die **Algorithmusaversion**, der meine beiden Gesprächspartner offenbar auf den Leim gegangen sind, ein weit verbreitetes Phänomen ist.

2. Algorithmusaversion

Tipp

Im Zweifel für das Klima!

Eine Software, die Sachverhalte und Zusammenhänge besser beurteilen kann, als wir selbst, widerspricht unserem Selbstverständnis als Krone der Schöpfung. Dabei macht ein Prognosepogramm nichts anderes, als wir selbst, wenn wir der **Gültigkeitsillusion** (vergl. S. 82 ff) auf den Leim gehen. Wir füllen die Informationslücken mit eigenen Konstrukten, von denen wir annehmen, dass sie passen. Der Unterschied ist, dass eine Software ihre Prognose in der Regel auf der Basis von viel mehr Daten (und weniger Lücken) berechnet und dabei viel genauer ist.

Ich empfehle, bei Prognosen, die uns nicht in den Kram passen, die „Beweislast" einfach umzudrehen (falls nichts gegen die Quelle spricht) und wirklich belastbare Beweise zu finden, die dafür sprechen, dass wir mit unserer Meinung besser liegen.

Bei Prognosen, die auf die Verschlechterung der Rahmenbedingungen, in denen wir leben, hindeuten, empfehle ich: **im Zweifel für das Klima!**

Kapitel 04 - Entscheidungsfallen beim CO2-Verbrauch

Obwohl die Teilnehmer dieser Studie sahen, dass ihre eigene Fehlerquote bei der Bewertung von Bewerbern um bis zu 29% höher lag, als bei einem Prognoseprogramm, misstrauten die meisten dem Algorithmus und verließen sich weiterhin auf ihre eigene Einschätzung - selbst dann, wenn sie dem Algorithmus über „die Schulter" schauen konnten.

Berkeley J. Dietvorst, Joseph P. Simmons, Cade Massey, „Algorithm Aversion: People Erroneously avoid Algorithms after seeing them err"

Confirmation Bias

Wir neigen dazu, Informationen zu ignorieren, die unserer eigenen Einschätzung zuwiderlaufen. Gleichzeitig neigen wir zur Überbewertung von Informationen, die unserer Einschätzung entsprechen.

Georgs Grundeinstellung hinsichtlich des Klimawandels ist eher optimistisch. Er bezweifelt zwar die Prognosen nicht grundsätzlich meint aber, dass sie den technischen Fortschritt nicht berücksichtigen, der zur Lösung des Problems beitragen sollte. Insofern hält sich seine Bereitschaft zur CO2-Einsparung im Alltag in Grenzen.

Als Georg die Werbung eines Ökostromanbieters in seinem Briefkasten fand, zog er tatsächlich einen Wechsel in Erwägung. Er informierte sich im Internet und sprach auch mit Freunden darüber. Einer davon war Experte für erneuerbare Energien. Der meinte, es hätte keinen Sinn zu einem Ökostromanbieter zu wechseln, es sei denn Georg würde sich damit mental besser fühlen. Denn der Wechsel zu einen Ökostromanbieter hätte keine Auswirkungen auf die weltweite CO2-Bilanz, weil das, was in Deutschland an Luftverschmutzung eingespart wird, als Verschmutzungsrecht an ein anderes Land verkauft wird.

Dieser Gedanke war bei Georg letztendlich so dominant, dass auch die positiven Argumente und die Wechselermunterungen der Mehrzahl seiner Freunde keine Wirkung hatten. Bei diesem Beispiel spielen zwei Heuristiken dem **Confirmation Bias** in die Hände. Die eine ist die **Expertenheuristik**. Sie besagt, dass wir dazu neigen, unsere Skepsisfilter zu deaktivieren, wenn eine Meinung von einem Experten geäußert wird. Die zweite ist der **Omission Bias** (vergl. S. 92 ff): wir unterschätzen systematisch das Risiko des Weges, auf dem wir uns gerade befinden und überschätzen das von alternativen Wegen.

Man verschone mich mit Informationen, die ich nicht hören will!

Nun birgt der Wechsel zu einem anderen Stromanbieter keine wirklichen Risiken, aber der Begriff „Risiko" im Sinne des **Omission Bias** kann auch potenzieller Mehraufwand oder Ärgernis bedeuten. Wir scheuen uns, eingefahrene Wege zu verlassen, weil wir nicht wissen, was auf uns zukommt, und weil wir lästiges von uns fernhalten wollen.

Die dominante Heuristik ist allerdings in diesem Fall der **Confirmation Bias**. Denn Georgs Grundeinstellung ist, dass ohnehin zuviel „Rummel" rund um das Klima gemacht wird. Zwar glaubt er nicht, dass die Prognosen der Klimaforscher grundsätzlich falsch sind, aber er meint, dass es immer schon Veränderungen der Rahmenbedingungen gegeben habe, unter denen wir leben und dass sie ein Antrieb für technologischen Fortschritt seien. Georg ist davon überzeugt, dass das der Mensch das Problem technisch in den Griff bekommen wird. Aufgrund dieser Überzeugung haben die Argumente, die für einen Wechsel zu einem Ökostromanbieter sprechen keine Chance.

3. Confirmation Bias

Tipp

Widerspruch - Contradiction!

Von Einstein stammt das Zitat, es sei leichter ein Atom zu spalten, als ein Vorurteil.

Der **Confirmation Bias** ist eine harte Nuss. Er ist vor allem deshalb eine harte Nuss, weil unsere Überzeugungen Teil unserer Persönlichkeit und unserer Identität zu sein scheinen. Man versuche nur mal einen Vertreter extremer politischer Überzeugungen oder Anhänger einer Ideologie mit Argumenten zum Denken in eine andere Richtung zu bringen.

Für nicht ideologisch gebundene Menschen ist die Herausforderung des **Confirmation Bias** weniger, ihn zu erkennen, als viel mehr, ihn nicht zu ignorieren. Meine Empfehlung ist „Contradiction".

Kapitel 04 - Entscheidungsfallen beim CO2-Verbrauch

Der **Confirmation Bias** ist typisch für das „schnelle Denken". Informationen, die unserer Auffassung zuwider laufen oder unsere Vorentscheidung infrage stellen, sind lästig. Eine gute Methode, das Gehirn in den Modus des langsamen Denkens zu bringen, ist eine Tabelle, z. B. nach dem hier dargestellten Prinzip. Ich nenne sie „Contradiction-Tabelle".

Bei dieser Methode trägt der Entscheider die Informationen, die seine Auffassung bestätigen, in die grüne Spalte ein, die Informationen, die dagegen sprechen, in die rote. Anders, als in diesem Beispiel, sollte man sich nicht mit nur zwei Informationen (zumindest in der roten Spalte) zufrieden geben. Abschließend kann man noch mit einem beliebigen Bewertungssystem dokumentieren, für wie glaubwürdig man die Information hält und wie relevant sie überhaupt für die Entscheidung ist. Die Tabelle nimmt natürlich niemandem eine Entscheidung ab, aber sie wirkt dem **Confirmation Bias** entgegen.

Contradiction (Widerspruch)	Glaubwürdigkeit	Relevanz	Confirmation (Bestätigung)	Glaubwürdigkeit	Relevanz
Die Entscheidung ist politisch wichtig	+++	++	Ein Wechsel ist lästig	+	+++
Ich fördere klimafreundliche Projekte	++	+++	Dadurch wird kein CO2 eingespart	+++	+++

3. Confirmation Bias

Die Analyse von Georgs Entscheidung mit dem Advisory Board©

Georg war bereit, seine Entscheidung mit dem **Advisory Board©** zu analysieren. Die Methode habe ich ausführlich im Kapitel „Besser entscheiden mit der Advisory Board©", Seite 34 ff, beschrieben. Deshalb an dieser Stelle nur eine Interpretation von Georgs Eintragungen.

Immerhin gab er zu, dass ihm die Umwelt nicht völlig unwichtig ist und dass er der Unterstützung von klimafreundlichen Projekten nicht abgeneigt ist. Auch die Idee, dass man mit seinen Entscheidungen auch die Politik beeinflussen kann, war ihm nicht unsympathisch.

Aus diesen Gedanken heraus, ergänzte Georg die beiden Optionen „Wechseln" und „Nichtwechseln" mit der Option „Strom sparen". Bei der Bewertung der Optionen wird deutlich, dass Georg eine Menge Informationsdefizite hat und bei seinen Bewertungen einigen Heuristiken auf den Leim geht. Z. B.,

- weil er lästige Formalitäten oder verdeckten Aufwand bei einem Wechsel erwartet (ausgedrückt mit dem Wert „2" in dem Feld, wo das Ziel „Keine lästigen Formalitäten" die Option „Wechseln" schneidet)

oder

- mit der Erwartung, dass er bei Nichtwechsel bei seinem bisherigen Lebensstil bleiben kann.

Kapitel 04 - Entscheidungsfallen beim CO2-Verbrauch

Ausschlaggebend für die Entscheidung sind aber vor allem die Gewichtungen der Ziele. Die blauen Gewichtungsziffern (in der Matrix unten) zeigen Georgs Gewichtung zu Beginn unseres Gespräches. Bei diesen Gewichtungen ist die Option „Beim bisherigen Anbieter bleiben" die „richtige" Entscheidung (richtig in dem Sinn, dass die Entscheidung der Gesamtheit seiner gewichteten Ziele am besten gerecht wird).

Die schwarzen Ziffern zeigen Georgs Gewichtung am Ende unseres langen Gespräches über Entscheidungsfallen. Demnach ist das Bleiben beim bisherigen Anbieter die schlechteste Option.

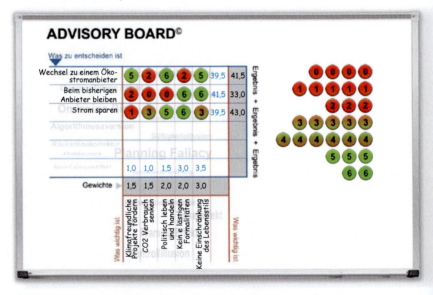

Wie bereits erwähnt, geht es bei der Methode weniger darum, eine Entscheidung exakt zu berechnen, sondern vielmehr um das strukturierte und „langsame" Durchdenken einer Entscheidung.

3. Confirmation Bias

Bekennenden Gegnern und Befürwortern der Todesstrafe wurden 2 Studien vorgelegt. Die eine wies ihre abschreckende Wirkung nach, die andere widerlegte sie. Beide Gruppen bewerteten die Studie, die ihre Meinung bestätigte, als überzeugender und besser durchgeführt, als die, die ihrer Position widersprach. Die Lektüre steigerte sogar noch die jeweiligen Überzeugungen.

C. Bryan Loyd / Brian C. Spilker, The Influence of Client Preferences on Tax Professionals? Search for Judicial Precedents, Subsequent Judgments and Recommendations, The Accounting Review 1999, 310

Ich sehe was, was Du nicht siehst!

Framingeffekt

Der Framingeffekt besagt, dass allein die Art und Weise, wie eine Information präsentiert wird, Auswirkungen auf unsere Beurteilungen und unsere Entscheidungen hat.

Würde Fleisch in unseren Supermärkten ähnlich präsentiert, wie Zigaretten, würden manche Menschen anders über ihren Fleischkonsum denken und damit dem Klima einen wertvollen Dienst erweisen.

Ich sitze in einem Gartenlokal und bin unfreiwilliger Zuhörer eines Gespräches am Nachbartisch. Einer der Gäste überlegt laut, ob er vielleicht nicht doch mal ein vegetarisches Gericht bestellen solle. Seine Begleiter halten nicht viel davon. Nach der Bestellung unterhalten sich die Gäste weiter über das Thema Fleisch. Dabei werden natürlich auch die üblichen Witze gemacht.

Ich mische mich ein. Ich habe eine Menge Argumente gegen den Konsum von Fleisch, aber die ethisch / moralischen Argumente sind meine Sache. Was alle angeht, sind die Auswirkungen des exorbitanten Fleischkonsums auf das Klima. Bei solchen Diskussionen kommt regelmäßig das Argument, dass der hohen Nachfrage von Soja, als Ersatzprodukt, viel mehr Regenwald zum Opfer fällt, als der Tierzucht. Wer so redet, geht in der Regel der Verfügbarkeitsheuristik auf den Leim, auf die ich auf S. 116 ff näher eingehe.

Denk' dir mal den Rahmen weg!

An dieser Stelle, will ich auf den Framingeffekt hinweisen. Louis, der eifrigste Kämpfer für Fleisch am Tisch, liebt Fleisch. Er kann sich ein Leben ohne Schnitzel, halbe Hähnchen oder Currywurst nicht vorstellen. Obwohl es diese Produkte inzwischen auch aus Soja gibt und er noch keines davon probiert hat, lehnt er Alternativen kategorisch ab.

Ich frage ihn nach Obst. Ja, er mag auch Obst. Aber er kauft, wie viele andere auch, kein Obst, dass irgendwelche Macken hat. Jedenfalls schließe ich aus seinen Worten, dass bei Louis der Framingeffekt eine Rolle hinsichtlich seines Einkaufsverhaltens spielt. Das Rauchen hat er sich vor kurzem abgewöhnt, weil ihn tatsächlich die hässlichen Bilder auf den Zigarettenpackungen „stören".

Der Framingeffekt spielt bei unserem Konsumverhalten eine zentrale Rolle. Wir sind konditioniert auf „cleane" Produkte und tappen gleich auch noch in die Falle der Simulationsheuristik (S. 110 ff), indem wir davon ausgehen, dass „cleane" Produkte alle möglichen positiven Eigenschaften haben. Dabei klebt an jedem T-Shirt, dass wir für 5 Euro kaufen, das Elend der Näherin.

4. Framingeffekt

Tipp
Denk' Dir den Rahmen weg!

Ich habe den Vorteil, dass ich schon einmal eine Situation erlebt habe, wo nichts mehr von dem existierte, worüber ich mich vorher definiert habe. Menschen sind lebende Framingeffekte. Kleider machen Leute. Rahmen machen Leute! Was bleibt, wenn man einem Menschen den Rahmen nimmt?! Er ist gezwungen, sich mit der Frage auseinanderzusetzen, wer er wirklich ist und was ihn als Mensch ausmacht.

Mit diesem Gedanken fällt es auch leichter, sich die Rahmen von allem wegzudenken, was uns im Leben präsentiert wird, sei es im Supermarkt oder am Arbeitsplatz. Wer durch die Reduktion seines Fleischkonsums einen Beitrag zum Klimaschutz leisten will, sich aber damit schwertut, dem empfehle ich, sich den Rahmen wegzudenken, den die Fleischindustrie um die saftigen Steaks im Supermarkt herumgebaut hat. Was dann zum Vorschein kommt, ist das geschundene Tier und die geschundene Umwelt. Wenn das nicht hilft, empfehle ich zusätzlich eine Auseinandersetzung mit dem Omission Bias (S. 92 ff).

Kapitel 04 -
Entscheidungsfallen beim CO2-Verbrauch

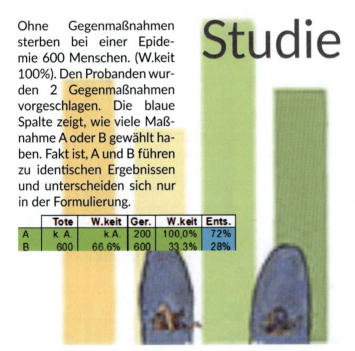

Ohne Gegenmaßnahmen sterben bei einer Epidemie 600 Menschen. (W.keit 100%). Den Probanden wurden 2 Gegenmaßnahmen vorgeschlagen. Die blaue Spalte zeigt, wie viele Maßnahme A oder B gewählt haben. Fakt ist, A und B führen zu identischen Ergebnissen und unterscheiden sich nur in der Formulierung.

	Tote	W.keit	Ger.	W.keit	Ents.
A	k.A.	k.A.	200	100,0%	72%
B	600	66,6%	600	33,3%	28%

Tversky, A. & Kahneman, D. (1973). Availability: A heuristic for judging frequency and probability. Cognitive Psychology, 42, 207–232.

Gültigkeits-illusion

Wir neigen zu der Überzeugung, dass unsere Informationsbasis über einen Sachverhalt alles umfasst, was darüber zu wissen nötig ist. Aus diesen Informationen konstruieren wir eine Geschichte, die so gut ist, dass wir daran glauben können.

Heuristiken sind häufig in Form von Sprichwörtern im kollektiven Bewusstsein verankert. Das Sprichwort, dass die Gültigkeitsillusion beschreibt, lautet „Kleider machen Leute". Ich jemand gut gekleidet, neigen wir dazu, ihm alle möglichen Eigenschaften zuzugestehen.

Die Gültigkeitsillusion besagt, dass wir aus Informationsfragmenten ein fertiges Bild erstellen und meinen, über alle dafür relevanten Informationen zu verfügen. Typisch für dieses Verhalten ist die Art und Weise, wie wir Menschen beurteilen. Aber die Gültigkeitsillusion beeinflusst auch eine Menge Alltagsentscheidungen, wie z. B. welches Auto wir kaufen, welche Partei wir wählen, wo wir unser Geld anlegen, wohin wir in Urlaub fahren oder - wie im Fall von Beate - welche Äpfel wir kaufen.

Beate war für die Obsttheke im Supermarkt verantwortlich. Ich sollte unbedingt Äpfel mitbringen. Ich kaufe nicht oft ein, und so war ich angesichts der 20 Sorten, die sich vor mir ausbreiteten, schlicht überfordert. Also fragte ich Beate. Sie empfahl mir spontan „Pink Lady". Bis dahin wusste ich gar nicht, dass man in Deutschland Äpfel aus Neuseeland kaufen kann.

Natürlich konnte ich nicht anders, als Beate, stellvertretend für die gesamte Supermarktkette, zu fragen, ob es denn angesichts der Klimadiskussion nicht angezeigt sei, Äpfel aus Neuseeland aus dem Sortiment zu verbannen. Beate hatte dafür nur ein Schulterzucken übrig und mein-

Unser Gehirn macht aus unvollständigen Informationen ein „vollständiges" Bild

te, dass dieser Apfel sehr beliebt sei und entsprechend gut schmecke. Daraufhin habe ich mich sofort über die Co2-Bilanz von Äpfeln aus Neuseeland informiert. Tatsächlich war zu lesen, dass die Klimabilanz eines Apfels aus Neuseeland im Winter, trotz des Transportweges, günstiger sein kann, als die eines deutschen Apfels. Würde man nur den Transport zugrunde legen, verbraucht der Apfel aus Neuseeland zwar mit 570 Gramm mehr als doppelt soviel CO2, als ein deutscher Apfel, aber im Winter kommt das CO2 hinzu, dass zur Kühlung des (deutschen) Apfels benötigt wird. Außerdem war zu lesen, dass´das Klima in Neuseeland besser sei, so dass in diesem Land die Erträge höher seien, als in Deutschland.

Typisch für die **Gültigkeitsillusion** ist, dass man aus wenigen Informationen Rückschlüsse auf das Gesamtbild zieht (Neuseeland = langer Transportweg = viel CO2 oder Neuseeland = tolles Land, tolles Klima = toller Apfel) - je nach dem, was einem wichtig ist oder wie man konditioniert ist. Die in unserer Gesellschaft vorherrschende Konditionierung ist „Food on Demand", alles muss jederzeit sofort verfügbar sein. Meine Oma wäre nie auf die Idee gekommen, im Winter Äpfel zu kaufen, selbst wenn es sie damals in den sechziger Jahren eines scheinbar längst vergangenen Jahrhunderts gegeben hätte. Sie hatte Äpfel im Sommer eingelagert oder Apfelmus daraus gekocht. Aber solche Informationsbausteine fehlen uns heute - gut für die **Gültigkeitsillusion**.

5. Gültigkeitsillusion

Tipp

Mach Dir klar, was wichtig ist!

Die **Gültigkeitsillusion** geht häufig mit dem **Confirmation Bias** (vergl. S. 70 ff) einher. Bei beiden Heuristiken handelt es sich um sogenannte „Urteilsheuristiken". Wir fällen unsere Urteile auf Basis von unvollständigen (**Gültigkeitsillusion**) oder einseitigen Informationen (**Confirmation Bias**), in der Überzeugung, dass die verfügbaren Informationen ausreichend und ausgewogen sind. Allein schon das Wissen um diese Art der verzerrten Wahrnehmung führt zu einem anderen Umgang mit Entscheidungen - bei der **Gültigkeitsillusion** allerdings eher, als beim **Confirmation Bias**, wo wir unbequeme Informationen bewusst ausblenden.

Meine Empfehlung gegen die **Gültigkeitsillusion** ist einmal mehr die Anwendung der **Advisory-Board©** Methode. Wem das zu aufwendig ist, dem empfehle ich zumindest, sich (auch beim Kauf von Äpfeln) zu fragen, was ihm tatsächlich wichtig ist. Denn oft gibt es auch andere Optionen, die Ziele hinter den Zielen zu erfüllen, als die, die sich beim „schnellen Denken" in den Vordergrund drängen.

Kapitel 04 -
Entscheidungsfallen beim CO2-Verbrauch

An dieser Stelle will ich nicht ein einzelnes Experiment beschreiben, sondern auf die Gruppe der sogenannten „Non-contingent Reward Experiments" hinweisen. Ein Beispiel: Der Versuchsleiter nennt dem Probanden Zahlenpaare. Die Aufgabe des Probanden ist es, herauszufinden, ob die Zahlen zusammenpassen oder nicht. Er hat dafür keinerlei Anhaltspunkte. Der Versuchsleiter gibt nur darüber Feedback ob der Proband mit seiner Einschätzung „passt" oder „passt nicht" richtig liegt.

Was der Proband nicht weiß ist, dass es keinerlei Zusammenhang zwischen seiner Antwort und dem Feedback des Versuchsleiters gibt. Dennoch sind die meisten Probanden nach kurzer Zeit davon überzeugt, eine Ordnung, die es tatsächlich nicht gibt, in dem System gefunden zu haben. Manche Probanden versuchen sogar, den Versuchsleiter, nachdem dieser das Experiment abgebrochen und die Karten auf den Tisch gelegt hat, zu überzeugen, dass sie eine Ordnung gefunden haben, die ihm, dem Versuchsleiter, entgangen ist.

5. Gültigkeitsillusion

Die Apfel-Entscheidung mit dem Advisory Board©

Ich habe mich nach diesem Erlebnis mit meinem **Advisory Board© an die Obsttheke gestellt** (natürlich mit Genehmigung des Marktleiters) und ein paar Kundinnen und Kunden, die sich für Äpfel interessierten, gebeten, zu der Frage Stellung zu beziehen, ob der Kauf von Äpfeln aus Neuseeland ok ist oder nicht.

Es war Winter in Berlin, und ich habe die Befragten zuvor über die Gültigkeitsillusion in Bezug auf Äpfel aus Neuseeland versus Deutschland aufgeklärt. Die Ziele und Optionen habe ich vorgegeben (die Befragten hatten aber die Möglichkeit, sie zu ändern / zu ergänzen; das Ziel „guter Geschmack" habe ich bewusst außen vor gelassen).

Was Sie auf der Folgeseite sehen, sind zwei typische Ergebnisse, wie sie unterschiedlicher nicht sein können. Die Gewichtungen der Ziele sind bei beiden Interviewpartnern gleich. Was sich unterscheidet, sind die Bewertungen der Optionen. Keiner der Befragten hatte das erforderliche Wissen, um z. B. den Nährwert eines im Kühlhaus gelagerten deutschen Apfels oder eines Apfels aus Neuseeland, der einen langen Transportweg hinter sich hat, zu bewerten. Die Bewertungen korrelieren einfach mit den Grundüberzeugungen der Entscheider (pro oder kontra Äpfel aus Neuseeland, unsensibel oder sensibel im Hinblick auf CO_2 etc.). Die wichtigsten Unterschiede in der Bewertung der Optionen habe ich mit dem gründen Rahmen markiert.

Kapitel 04 -
Entscheidungsfallen beim CO2-Verbrauch

Wie bereits erwähnt, mir geht es in diesem Buch nicht darum zu urteilen, was richtig oder falsch ist, bzw. welche Bewertung von welcher Option die richtige ist. Mir geht es darum,. zu zeigen, wie Entscheidungen entstehen und dazu beizutragen, dass die Leser dieses Buches bessere Entscheidungen treffen können.

Grundauffassung:

„Äpfel aus Neuseeland sind ok".

„Die Sache mit dem Klima wird übertrieben".

„Ich kaufe lieber Äpfel aus meiner Region".

„Wir müssen unser Verhalten um des Klimas Willen ändern".

Wie die Methode funktioniert lesen Sie im Abschnitt „Besser entscheiden mit der **Advisory Board©**-Methode", Seite 34 ff)

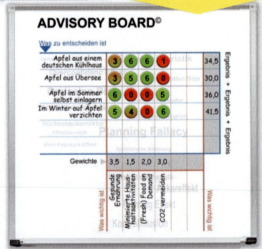

Illusion of Knowledge

Informationen sind wichtig, um gute Entscheidungen zu treffen. Es gibt allerdings Menschen, die zur Überinformation tendieren. Dieses Phänomen beschreibt die Illusion auf Knowledge.

Die Grafik auf der rechten Seite zeigt das Verhältnis zwischen der Informationsmenge und der Qualität der Entscheidung. Ab einer bestimmten Informationsmenge nimmt die Qualität der Entscheidungen ab.

Entscheider haben es nicht einfach. Deshalb komme ich nun zum Gegenteil der **Gültigkeitsillusion**. Der Kühlschrank von Gerd und Beate war mehr als 20 Jahre alt. Vor allem Beate hatte inzwischen ein schlechtes Gewissen hinsichtlich dieses „Stromfressers" in ihrer gemeinsamen Küche. Ich traf die beiden - wieder einmal - zufällig. Diesmal war ein Markt für Elektrogeräte der Schauplatz meiner Einmischung.

Ich beobachtete eine Zeit lang, wie sie lebhaft mit einem Verkäufer diskutierten. Es ist ein bekanntes Phänomen, dass Entscheidungen umso schwerer fallen, je größer die Auswahl ist. Das schien hier der Fall zu sein. Gerd und Beate hatten sich bereits vor dem Besuch des Elektromarktes eingehend im Internet informiert. Dennoch kamen sie auch nach geraumer Zeit nicht zu einer Entscheidung. Gerd meinte schließlich, dass sie es sich noch einmal überlegen und am nächsten Tag wiederkommen wollten.

Ich lud die beiden auf einen Kaffee ein und erzählte von meinem Buch. Sie waren bereit, auf meine Fragen zu antworten. Im Rahmen des Interviews wurde schnell klar,

Zwei mal volltanken bitte.

dass insbesondere Gerd sich in der **Illusion of Knowledge** verfangen hat. Er hatte Sorge, nicht die beste aller möglichen Entscheidungen zu treffen. Die Grafik zeigt das Prinzip dieser Illusion.

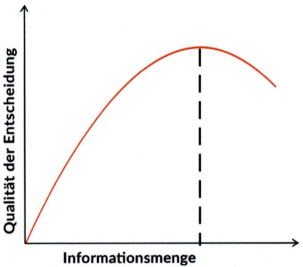

Was Gerd und Beate trotz - oder gerade wegen ihrer „Informationswut" - übersehen haben, ist die Frage, ob es in Bezug auf den Klimaschutz nicht vielleicht doch besser sei, den alten Kühlschrank zu behalten. Dazu aber mehr im Rahmen der Simulationsheuristik, S. 110 ff).

Illusion-of-Knowledge-Kurve (Peter Jungblut)

5. Illusion of Knowledge

Tipp

Sei kein Maximierer!

Eine israelische Forschergruppe hat das Verhalten von Menschen auf Online-Portalen untersucht. Die Forscher kamen zu dem Schluss, dass es im wesentlichen zwei Typen gibt. Die Optimierer und die Maximierer. Die Maximierer finden seltener einen Partner, weil sie meinen, dass es immer noch jemanden gibt, der noch besser passt, als der bisherige Favorit. Die Optimierer tun sich leichter. Sie wissen zwar auch, dass der Partner / die Partnerin für den / die sie sich entscheiden, sehr wahrscheinlich noch getoppt werden kann, aber sie suchen einen guten Kompromiss zwischen Aufwand und „Ertrag".

Meine Empfehlung an Gerd ist, sich bei seinen Entscheidungen die Illusion-of-Knowledge-Grafik vorzustellen und zu definieren an welchem Punkt auf der Achse der Informationsmenge er sich gerade befindet. Ich rate ihm, sich vom Maximierungsprinzip zu verabschieden und auf das Optimierungsprinzip zu setzen.

Kapitel 04 -
Entscheidungsfallen beim CO2-Verbrauch

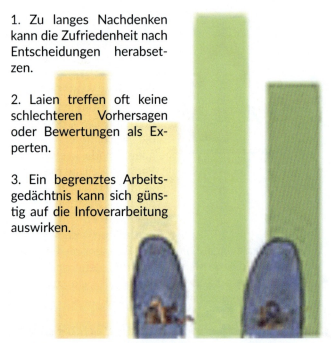

1. Zu langes Nachdenken kann die Zufriedenheit nach Entscheidungen herabsetzen.

2. Laien treffen oft keine schlechteren Vorhersagen oder Bewertungen als Experten.

3. Ein begrenztes Arbeitsgedächtnis kann sich günstig auf die Infoverarbeitung auswirken.

1. Ap Dijksterhuis und Loran F. Nordgren: A theory of unconscious thought, in: Perspectives on Psycho-logical Science, 1(2) (2006), S. 95 - 109, doi: 10.1111/j.1745-6916.2006.00007.x.
2. Gerd Gigerenzer und Henry Brighton: Homo heuristicus: Why biased minds make better inferences, in: To-pics in Cognitive Science, 1(1) (2009), S. 107 - 143, doi: 10.1111/j.1756-8765.2008.01006.x.
3. Yakoov Kareev: Seven (indeed, plus or minus two) and the detection of correlations, in: Psychological Review, 107(2) (2000), S. 397 - 402, doi: 10.1037/0033-295X.107.2.397.

7 Omission Bias

Wir behalten unseren bisherigen Kurs oft bei, weil wir das Risiko einer Änderung höher einschätzen, als das Risiko, das die Beibehaltung des Kurses birgt.

Der **Omission Bias** trägt dazu bei, dass wir in Beziehungen verharren, die längst gescheitert sind, täglich einer Arbeit nachgehen, die uns krank oder zumindest unglücklich mach oder, wie in diesem Fall, unser Einkaufsverhalten nicht ändern, obwohl wir durchaus bereit sind, mehr für den Klimaschutz zu tun.

Das Beispiel, mit dem ich den **Omission Bias** beschreibe, habe ich bereits im Kapitel „Besser entscheiden mit der Advisory Board©", Seite 34 ff, angerissen. Renates Tochter Claudia machte den Vorschlag, zukünftig mehr gerettete Lebensmittel einzukaufen. Das lehnte Renate zunächst kategorisch ab. Doch Claudia ließ nicht locker und begann zu „Containern". Sie verschaffte sich Zugang zu den Mülltonnen von Lebensmittelmärkten und „rettete" die weggeworfenen Lebensmittel.

Das führte dazu, dass sich Renate intensiver mit dem Thema beschäftigte und irgendwann erstmals einen SIRPLUS-Laden in Berlin betrat. SIRPLUS ist einer der Pioniere auf diesem Gebiet, ein Supermarkt, in dem Lebensmittel verkauft werden, deren Haltbarkeitsdatum abgelaufen ist und Obst / Gemüse, das den visuellen Ansprüchen der klassischen Supermärkte nicht mehr entspricht. Die Produktion von Lebensmitteln ist in Deutschland für ca. 20% der Treibhausgase verantwortlich. In Europa gehen jährlich pro Kopf 280 bis 300 kg Lebensmittel (u. a. durch Wegwerfen, aber auch im Rahmen der Herstellungskette) verloren*. Unternehmen wie SIRPLUS tragen durch das „Retten" von Lebensmitteln

*Jenny Gustavsson, Christel Cederberg, Ulf Sonesson (2011). Global Foodlooses and Waste, FOOD AND AGRICULTURE ORGANIZATION OF THE UNITED NATIONS

Vielleicht im nächsten Jahr.

zum Klimaschutz bei. Die einfache Logik ist, je weniger Lebensmittel weggeworfen werden, umso weniger müssen produziert werden.

Bei Renates ursprünglicher Weigerung spielten eine ganze Reihe von Heuristiken eine Rolle. Die dominante Heuristik war allerdings der **Omission Bias**. Renate hatte zwei Alternativen. Die eine war, ihr bisheriges Einkaufsverhalten fortzusetzen, die andere war, mehr Produkte im Lebensmittelrettermarkt einzukaufen. In diesem Kontext muss man den Risikobegriff etwas weiter auslegen. Natürlich hatte Renate auch gewisse Bedenken gegen abgelaufene Lebensmittel. Aber das war für ihre anfängliche Entscheidung gegen gerettete Lebensmittel weniger ausschlaggebend, als der Mehraufwand, der mit einer Änderung des Einkaufsverhaltens in ihrem eng getakteten Leben verbunden ist.

Allerdings mögen wir unsere Entscheidungen ungern mit dem Argument begründen, dass wir lieber unseren alten Gewohnheiten treu bleiben wollen. Deshalb wird der **Omission Bias** von Urteilsheuristiken, wie z. B. dem **Confirmation-Bias** (vergl. S. 70 ff) oder der **Gültigkeitsillusion** (vergl. S. 82 ff) unterstützt. D. h., Renate begründete ihre Entscheidung gegen gerettete Lebensmittel z. B. mit dem Argument, dass sie ihrer Familie keine „Risikolebensmittel" zumuten wolle.

7. Omission Bias

Warum kaufen viele keine geretteten Lebensmittel?

Aus dem Beispiel mit Renate in der Hauptrolle lässt sich ableiten, warum sich Menschen schwertun, gerettete Lebensmittel zu kaufen. Bei Renate war, wie bereits erwähnt, der **Omission Bias** dominant.

Unterstützt wurde er durch die **Verfügbarkeitsheuristik** (vergl. S. 116 ff). Renate hat sich nicht die Mühe gemacht, sich die zur Bewertung von geretteten Lebensmittel erforderlichen Informationen zu beschaffen. Was sie wusste, war, dass es sich um Lebensmittel handelt, deren Mindesthaltbarkeitsdatum abgelaufen ist.

Auf dieser Basis hat sie sich ein negatives Bild „gemalt": Haltbarkeitsdatum abgelaufen = Risiko = nicht mehr genießbar (**Gültigkeitsillusion**, vergl. S. 82). Der **Confirmation Bias** (vergl. S. 70 ff) sorgte dafür, dass sich diese Meinung manifestieren konnte und „störende" Informationen keine Chance auf Berücksichtigung hatten. Die **Affektheuristik** (vergl. S. 58 ff) sorgt mit Sätzen wie „weil ich es mir Wert bin" dafür, dass man gar nicht erst in Versuchung kommt, Lebensmittel mit „Makeln" zu kaufen.

Eine weitere Heuristik, die uns vom Kauf solcher „Makelprodukte" abhält, ist der **Framingeffekt** (vergl. S. 78 ff). Dieser Effekt wird von der **Simulationsheuristik** (vergl. S. 110 ff) unterstützt. Wenn man sich nicht vorstellen kann (oder will), dass gerettete Lebensmittel hochwertig sind, lässt man sie links liegen.

Kapitel 04 -
Entscheidungsfallen beim CO2-Verbrauch

Der **Omission Bias** kommt selten alleine. Damit wir unsere alten Gewohnheiten nicht ändern müssen, stehen uns eine ganze Reihe weiterer Heuristiken zur Verfügung, die dem Gewohnheitseffekt in die Hände spielen. Die hier abgebildeten gelten nicht nur für den Fall „Renate".

7. Omission Bias

Tipp

Bleibe neugierig!

Eine interessante Frage, auf die ich keine befriedigende Antwort gefunden habe, ist, ab welchem Alter man den **Omission Bias** beobachten kann. Ich vermute, dass diese Heuristik mit der Entwicklung unserer neuronalen Netzwerke zu tun hat. Wir kommen als unbeschriebenes Blatt auf die Welt. Wir lernen durch Erfahrung und füllen das Blatt mit dem, was wir erleben. So lange das Blatt noch recht leer ist, sind wir neugierig. Wir wollen Dinge und Zusammenhänge begreifen und bilden uns unsere Urteile.

Irgendwann fangen wir an, uns in eingefahrenen Bahnen zu bewegen, die durch das Feedback unseres Umfeldes bestätigt oder korrigiert werden. Wir richten uns in diesen Bahnen ein und verlieren nach und nach unsere Neugier.

Daher empfehle ich die Wiederentdeckung, bzw. Stärkung der Neugier. Neugierige Menschen lehnen fremdes oder ungewohntes nicht von vornherein ab und geben sich damit die Chance für ein lebendiges Leben, in dem das Lernen nicht aufhört.

Kapitel 04 -
Entscheidungsfallen beim CO2-Verbrauch

Probanden wurden mehrere Entscheidungsaufgaben vorgelegt. Die Optionen waren, den bisherigen Weg beizubehalten, leichte Änderungen des Weges und ein ganz anderer Weg. Die überwiegende Mehrheit entschied sich jeweils für die Status Quo Variante. Seltener wurde diese Variante gewählt, wenn sie als neutrale Option vorgeschlagen, der aktuelle Weg also nicht genannt wurde.

Samuelson, W., & Zeckhauser, R. J. (1988). Status Quo Bias in Decision Making. Journal of Risk &Uncertainty, 1, 7-59.

8 Optimistische Verzerrung

Wir überschätzen unsere Chance auf den Hauptgewinn in Bezug auf unsere Lebenserwartung, unsere Karriere, unser Lebensglück etc. - gemessen an den statistischen Wahrscheinlichkeiten.

Die Grenzen zwischen einem gesunden Optimismus und der Optimistischer Verzerrung sind fließend. Und sicherlich ist eine gute Dosis davon hilfreich, wenn man mehr erreichen will, als der Durchschnitt. In Bezug auf das Klima gilt allerdings, weniger ist mehr.

Auch mein Beispiel, an dem ich die **Optimistische Verzerrung** erläutern will, hat mit dem Thema Lebensmittel zu tun. Lebensmittelretter reduzieren die Mange der Lebensmittel, die (meist) von Supermärkten weggeworfen werden (würden), weil das Mindesthaltbarkeitsdatum abgelaufen ist oder der visuelle Eindruck (z. B. von Obst und Gemüse) nicht mehr dem Standard entspricht.

Aber diese Maßnahmen betreffen nur einen Teil des Wegwerfproblems. Berechnungen der Universität Stuttgart zufolge „entsorgt" jeder Deutsche pro Jahr ca. 85 kg Lebensmittel in seinem Privathaushalt. In diesem Bereich der „Wertvernichtungskette" gibt es keine Retter, und es ist (Gott sei Dank) auch noch kein Gesetz in Sicht, das das Wegwerfen von Lebensmitteln verbietet.

Frank wohnt im gleichen Haus, wie ich. Wir kennen uns flüchtig und trafen uns kürzlich bei den Müllcontainern. Irgendwie kamen wir auf das Wegwerfen von Lebensmitteln. Frank gab zu, dass er mit dem Wegwerfen von Lebensmitteln nicht weit vom Bundesdurchschnitt entfernt sei. Er hatte zwar Bedenken, hinsichtlich der ethischen Komponente des Wegwerfens von Lebensmitteln, aber nicht in Bezug auf den Klimaeffekt.

Kein Eisberg weit und breit!

Auf meine Frage, wieso, meinte Frank, er sei von Natur aus ein Optimist. Er glaube nicht, dass es mit dem Klima so schlimm kommen werde, wie von den offiziellen Stellen prognostiziert. Denn er glaube an den menschlichen Intellekt und sei davon überzeugt, dass das CO_2-Problem früher oder später mit neuen Technologien und Methoden gelöst werden würde.

Die Geschichte erinnert an mein Erlebnis auf der Wannseefähre (vergl. **Algorithmusaversion**, S. 66 ff), wo ich mich in das Gespräch der „Ungläubigen" eingemischt habe. Sie glaubten auch nicht an die Prognosen der Klimaforscher.

Der Unterschied bei Frank war, dass er den Prognosen nicht misstraute, sondern wusste, dass die Rechenmodelle keine Gegenmaßnahmen berücksichtigen. Meiner Überzeugung nach hat Frank die Grenze zwischen Optimismus und Optimistischer Verzerrung überschritten.

8. Optimistische Verzerrung

Tipp
Der Zweifel sei Dein Freund!

Optimistische Verzerrung und **Overconfidence Bias** sind nicht nur ein Treibstoff des menschlichen Handelns und unserer Wirtschaft. Ohne diese Heuristiken wäre so manches Unternehmen nicht gegründet, so manche Erfindung nicht gemacht und so manche soziale Errungenschaft nicht erreicht worden.

Deshalb werden sie nur dann zu einer Entscheidungsfalle, wenn man sich ihres Wirkens nicht bewusst ist oder sie ignoriert. Gefährlich wird es, wenn der Antagonist dieser Heuristiken fehlt, die Demut.

In Bezug auf das Klima, vertrete ich hinsichtlich der **Optimistischen Verzerrung** die gleiche Meinung, die ich bereits im Zusammenhang mit der **Algorithmusaversion** geäußert habe: im Zweifel für das Klima. Die möglichen Auswirkungen sind zu groß, als dass wir klimaschädigendes Verhalten, wie das Wegwerfen von Lebensmitteln, mit Klimaoptimismus rechtfertigen können.

Kapitel 04 -
Entscheidungsfallen beim CO2-Verbrauch

Die Bezeichnung „Optimism Bias (Optimistische Verzerrung)" geht u. a. auf Tali Sharot zurück. Sie meint, das Gedächtnis sei weniger dazu, Erinnerungen zu speichern, als vielmehr die Zukunft vorzubereiten. In ihren Studien zeigt sie, welche Hirnareale bei der Umwandlung von Vorstellungen in Gefühle zusammenarbeiten und wie wir uns gedanklich eine positive Zukunft „schmieden".
Das funktioniert bei ca. 80% der Menschen - kulturübergreifend.

Sharot, T. (2007). Neural mechanisms mediating optimism bias. Nature, doi:10.1038/nature06280; 25.10.07

Overconfidence Bias

Selbstvertrauen ist eine wichtige Voraussetzung für erfolgreiches Handeln. Überschätzen wir unsere Kompetenzen und Ressourcen, kann das für uns selbst und für andere sehr gefährlich werden.

Der Overconfidence Bias ist einer der entscheidenden Gründe, warum wir schlechte Entscheidungen treffen, nicht nur in Bezug auf unser Umweltverhalten.

Kurt ist ein begeisterter Autofahrer, und er fuhr einen alten Sportwagen. Natürlich weiß Kurt, dass er damit dem Klima keinen besonders guten Dienst erweist. Aber bei unserem Treffen ging es um eine sehr spezifische Situation, die allerdings gar nicht so selten ist. Kurt hatte geschäftlich in Köln zu tun und entschied sich dafür, mit dem Wagen zu fahren, statt zu fliegen. Die Bahn lehnt Kurt aus Prinzip (welches auch immer das sein mag) ab.

Da es bei unserem Gespräch um das Thema Umwelt ging, rechtfertigte Kurt seine Entscheidung mit dem Argument, dass ein Auto pro Person und Kilometer einen erheblich geringeren CO2-Verbrauch hat, als ein Flugzeug. Dabei ging Kurt allerdings der **Repräsentativitätsheuristik** auf den Leim. Denn was Karl außer Acht ließ, war die Tatsache, dass sein Fahrzeug alles andere als repräsentativ war für die Berechnung der Vergleichswerte.

Zwar setzen Wissenschaftler die CO2-Emissionen eines Flugzeugs mit 380 g CO2 pro geflogenem Kilometer pro Person an. Aber nur ein modernes Auto emittiert mit 100 bis 200 g CO2 pro km deutlich weniger CO2. Kurts Auto dürfte weit darüber liegen.

„Nur noch kurz die Welt retten".
(Songtitel von Tim Bendzko)

Aber eigentlich erzähle ich Kurts Geschichte wegen einer ganz anderen Heuristik, die sich etwas von dem Umweltthema dieses Buches entfernt, aber dennoch eine Schlüsselheuristik für Umweltverhalten ist.

Das weitaus gewichtigere Argument von Kurt gegen das Fliegen war, dass er sich im Auto einfach sicherer fühlt. Dem kann man entgegenhalten, dass im Jahr 2018 weltweit 583 Menschen durch Flugzeugabstürze um Leben kamen, während alleine in Deutschland 3.264 Menschen bei Verkehrsunfällen starben, Obwohl Kurt die Zahlen einigermaßen kennt, bleibt er bei seinem Standpunkt - und geht dabei mit hoher Wahrscheinlichkeit dem **Overconfidence Bias** auf dem Leim. Denn selbst wenn Kurt tatsächlich zu den überdurchschnittlich guten Autofahrern gehören würde (übrigens zählen sich ca. 80% aller Autofahrer zu dieser Gruppe), ändert das wenig an dem erheblich höheren Risiko, das eine Fahrt mit dem Auto im Vergleich zum Fliegen mit sich bringt, So werden doch eine Vielzahl von Autofahrer ohne eigenes Verschulden in Verkehrsunfälle verwickelt.

9. Overconfidence Bias

Tipp
Demut!

Gute Wissenschaftler sind die größten Kritiker ihrer eigenen Theorie. Max Planck etwa, stellte fast ein Jahrzehnt lang seine Theorie über das plancksche Wirkungsquantum infrage, das zur Basis der Entwicklung der Quantenmechanik wurde.

Ein solche Methode möchte ich allen empfehlen, die davon überzeugt sind, dass sie gute Entscheider sind. Es müssen ja nicht, wie im Falle von Max Planck, 10 Jahre sein, Ein erster Schritt in die richtige Richtung wäre sicherlich, wenigstens eine Nacht über eine Entscheidung zu schlafen und zu hinterfragen, welchen Urteilsheuristiken man bei seiner Bewertung möglicherweise auf den Leim gegangen ist.

Aber das eigentliche Problem des **Overconfidence Bias** ist nicht seine Zähmung, sondern die Bereitschaft, zu akzeptieren, dass man vielleicht doch nicht so groß sein könnte, wie man meint. Demut ist leider aus der Mode gekommen.

Kapitel 04 - Entscheidungsfallen beim CO2-Verbrauch

Mehrere Studien zeigen, dass Männer sich eher für erfolgsabhängige Vergütungssysteme entscheiden, während Frauen eher lineare Entlohnungssysteme bevorzugen. Die Studien konnten zeigen, dass beide Geschlechter ihre Fähigkeiten überschätzen; Männer jedoch in einem viel größeren Ausmaß.

Niederle M. / Vesterlung L. (2007). Do Women shy awy from competition? Do men compete too much? The Quarterly Journal of Economics, Volume 122, Issue 3, 1, 1067–1101,

Primingeffekt

Der Primingeffekt beschreibt ein Reiz-Reaktions-Schema, bei dem der Eingangsreiz bestimmte Assoziationen hervorruft, die Einfluss auf unsere Reaktion haben. Dabei muss nicht unbedingt ein Zusammenhang zwischen Reiz und Reaktion bestehen.

Der Primingeffekt ist das Virus unter den Heuristiken. Es wird meist durch die Werbung verbreitet und lässt uns Dinge tun, über die jeder Außerirdische nur den Kopf schütteln kann.

Dass ausgerechnet die Geschichte, die ich in einem Primarkt in Berlin erlebt habe, zum **Primingeffekt** passt, ist nicht mehr, als ein vielleicht amüsanter Zufall. Ich nutze diesen Primarkt zuweilen als Durchgang, um schneller zu einem Elektronikmarkt zu kommen.

Dabei fielen mir 3 Teenager auf, die sich über ihre Teilnahme an einer „Fridays for Future"-Demonstration unterhielten. Offenbar kamen sie gerade direkt von dort. Ich konnte natürlich nicht anders, als sie anzusprechen. Es fiel mir schwer, eine Teilnahme an einer Demonstration, die das Ziel hat, der CO2-Verschwendung Einhalt zu gebieten und das Einkaufen von Kleidern in einem Primarkt, unter einen Hut zu bringen.

In der Regel verfallen Menschen sofort in einen Verteidigungs- oder zumindest Rechtfertigungsmodus, wenn ich sie anspreche. Ich habe etliche Formulierungen für den Einstieg in solche Gespräche getestet. Es läuft immer auf das selbe hinaus. So war es auch bei den Teenagern, zumal hier noch der Altersunterschied hinzukam. Schließlich gehöre ich ja zu der Generation, denen wir den ganzen Schlamassel ja zu verdanken haben.

Der Primingeffekt ist das Virus unter den Heuristiken

Irgendwann landeten wir aber dann doch auf der Sachebene, so dass ich die Gelegenheit hatte, mich zu erklären. Es geht mir nicht darum, mit dem Finger auf andere zu zeigen. Ich will verstehen und anderen helfen, sich selbst zu verstehen. Im Fall der drei Teenager war die Lage recht einfach. Sie erklärten, dass sie den Primarkt schon einige Monate boykottiert hatten (auch wenn es schwer fiel). Da der Primarkt inzwischen aber auch auf Nachhaltigkeit setzt, wurde der Boykott beendet - allerdings nur für die nachhaltig produzierten Sachen.

Mich gruselte. Auch wenn mir die Informationen zu einer qualifizierten Beurteilung des Primarktes fehlen, so kann ich bei diesem Kleiderdiscounter, wie auch bei den übrigen, überhaupt nichts nachhaltiges finden. Es mag einzelne Aktionen geben, auf die jemand mit zwei zugedrückten Augen das Etikett „nachhaltig" geklebt hat, aber ein Unternehmen, das Kleider zu einem Preis verkauft, bei dem sich Waschen kaum lohnt, kann einfach nicht als „nachhaltig" bezeichnet werden.

Die drei Teenager gingen also ziemlich offensichtlich der Werbung des Marktes auf den Leim, die den **Primingeffekt** ganz gezielt und schamlos nutzt.

10. Primingeffekt

Tipp

Hinterfrage Schlagworte!

Primingeffekt

Der **Primingeffekt** wird auch als „assoziative Aktivierung" bezeichnet. Er hat viele Gesichter und kann sowohl im Rahmen eines Small Talk „gezündet" werden, wie die auf der rechten Seite skizzierte Untersuchung zeigt, als auch durch Bilder oder Erlebnisse. Deshalb ist der **Primingeffekt** auch ein Instrument spezifischer Werbeformen, wie Productplacement oder sogenannter Subliminals.

Aufgrund seiner Charakteristik gibt es wenig Möglichkeiten, sich einem **Primingeffekt** zu entziehen. Eine Ausnahme sind Fälle, die ähnlich liegen, wie der hier geschilderte. Man muss „nur" der Versuchung widerstehen, beim Hören von Schlagworten mit dem Denken aufzuhören. Ich verabschiedete mich von den Teenagern mit der Empfehlung, in der Schule eine Arbeitsgruppe „Schlagworte, über die wir in der Regel nicht nachdenken, die aber uns Handeln beeinflussen" zu gründen und sich als erstes mit dem Thema, das wir gerade besprochen haben, zu beschäftigen.

Kapitel 04 -
Entscheidungsfallen beim CO2-Verbrauch

Die Teilnehmer einer Studie wurden um die Beurteilung einer Person gebeten. Sie ahnten nicht, dass der vorausgehende Small Talk Teil der Studie war. Dabei wurde eine Gruppe mit positiven Wörtern „geprimt", eine zweite mit negativen. Die Mitglieder von Gruppe 1 tendierten dazu, der Person Attribute wie „abenteuerlustig" und „selbstsicher" zuzugestehen. Die von Gruppe 2 bezeichneten sie eher als „leichtsinnig" oder „überheblich".

Higgins, E. T., Rholes, W. S., & Jones C. R.: Category accessibility and impression formation. Journal of Experimental Social Psychology. 1977

11 Simulationsheuristik

Wir bewerten die Eintrittswahrscheinlichkeit von möglichen Ereignissen umso höher, bzw. wir glauben einen Sachverhalt umso eher, je besser wir uns etwas vorstellen können.

Diese Heuristik kann uns nicht nur dazu verführen, der Werbung auf den Leim zu gehen, sondern sie kann uns das Leben als Klimaschoner schwer machen.

Wie bereits mehrfach erwähnt, ist bei einer irrationalen Entscheidung selten nur eine Heuristik alleine im Spiel. Was bei den bisherigen Beispielen auch deutlich geworden ist, ist die Tatsache, dass die einer Fehlentscheidung zugrunde liegenden Heuristiken nicht immer eindeutig sind.

Im Kontext der **Simulationsheuristik** greife ich die Kühlschrank-Entscheidung, bzw. Nichtentscheidung von Gerd und Beate noch einmal auf, die ich im Zusammenhang mit der **Illusion auf Knowledge** beleuchtet habe (vergl. S. 88 ff). Die beiden konnten sich letztendlich nicht für einen bestimmten Kühlschrank entscheiden, weil sie sich „überinformiert" hatten. Ab einer bestimmten Informationsmenge nimmt die Qualität der Entscheidungen ab. Produktvielfalt und Anbietervielfalt fördern die „Kaufreue", weil man nicht sicher sein kann, ob es nicht noch ein besseres Angebot (Produkt / Preis) gibt.

Was Gerd und Beate bei ihrer Informationsbeschaffung ausgeblendet haben, war allerdings die Möglichkeit, dass es im Hinblick auf ihre CO_2-Bilanz besser sein könnte, auf einen neuen Kühlschrank zu verzichten, weil natür-

Stell' Dir das mal vor!

lich korrekterweise auch das CO2 berücksichtigt werden müsste, das bei der Produktion eines neuen Kühlschrankes anfällt. Auch wenn es dazu Berechnungen gibt, wird die Komplexität des Problems deutlich.

Ludwig war im Begriff, sich aufgrund der günstigen CO2-Bilanz ein Hybridauto zu kaufen. Aber ist ein Hybridfahrzeug mit zwei Antrieben wirklich besser, als ein Auto, das nur einen Benzinmotor hat? Wer sich intensiv mit dieser Frage beschäftigt, kommt vielleicht zu dem Schluss, dass der zusätzliche Motor eines Hybridautos und vielleicht auch das höhere Gewicht, den Klimavorteil des Elektroantriebs wieder zunichte machen. Vielleicht kommt er aber auch zu dem Schluss, dass der größte Teil des Stroms für den Elektroantrieb klimaschädlich produziert sein dürfte und dass auch die Produktion der Batterien nicht gerade umweltfreundlich ist.

Bei der Frage, wie jeder einzelne Entscheidungen dieser Art trifft, spielen die **Simulationsheuristik,** aber auch die **Gültigkeitsillusion** (vergl. S. 82 ff) und die **Verfügbarkeitsheuristik** (vergl. S. 116 ff), eine wichtige Rolle. Wer sich mehr vorstellen kann, tut sich im Bezug auf seinen Ressourcenverbrauch vermutlich schwerer. Gleiches gilt für diejenigen, die sich intensiver und tiefer mit der Problematik beschäftigen.

Bei Ludwigs Entscheidung waren beide Heuristiken im Spiel. Er konnte sich nicht vorstellen, dass ein Hybridfahrzeug eine schlechtere CO2-Bilanz haben kann, als ein Fahrzeug mit Verbrennungsmotor aus der gleichen Klasse. Basis dafür, waren natürlich die Informationen, die ihm verfügbar waren.

11. Simulationsheuristik

Tipp
Suche nach Zielen dahinter

Die **Simulationsheuristik** beschreibt das Phänomen, dass die Leichtigkeit, mit der Beispiele oder Szenen konstruiert werden können, Beurteilungen und damit auch Entscheidungen beeinflusst.

Sie ist der „Luftikus" unter den Heuristiken. Denn sie kommt leichtfüßig und tänzerisch daher, und spielt ihre Spielchen mit uns.

Demjenigen, der überlegt, sich ein Hybridauto, bzw. überhaupt ein Auto zu kaufen, empfehle ich, sich zunächst einmal intensiv mit seinen Zielen auseinanderzusetzen. Denn, wenn wir uns tatsächlich die Mühe machen, zu definieren, was uns im Rahmen einer Entscheidung wichtig ist, machen wir oft den Fehler, nicht die Ziele hinter den Zielen zu hinterfragen.

Was meine ich damit? Wir wollen uns ein Auto kaufen. Aber anstatt uns zu fragen, ob wir das wirklich wollen (bzw., was uns dazu motiviert, ein Auto zu kaufen), fragen wir uns reflexartig, worauf es uns bei dem Auto ankommt.

Kapitel 04 -
Entscheidungsfallen beim CO2-Verbrauch

Wenn eine affektiv negative Erfahrung, wie z. B. ein tödlicher Autounfall eines Angehörigen, im Kontext eines abweichenden Verhaltens des Opfers, passiert ist (Opfer fährt eine andere Strecke mit dem Auto, als üblich), ist die Trauer und das Entsetzen erheblich größer. Die Autoren der Untersuchung führen das darauf zurück, dass ein von der Norm abweichendes Verhalten geistig leichter rückgängig gemacht werden und durch ein Ereignis ersetzt werden kann, das den Unfall nicht verursacht hätte.

Kahneman, Daniel; Tversky, Amos (1998). „The simulation heuristic". In Daniel Kahneman; Paul Slovic; Amos Tversky (eds.). Judgment under uncertainty: heuristics and biases. Cambridge: Cambridge University Press. ISBN 9780521284141.

11. Simulationsheuristik

Wie die Fragestellung die Entscheidung beeinflusst

Ludwig war bereit, seine Autoentscheidung mit dem **Advisory Board©** zu analysieren. Bei der Formulierung der Ziele gab er sogar zu, dass der Besitz eines Autos wichtig für sein Selbstwertgefühl sei. Den Mut, sich das selbst einzugestehen, geschweige denn gegenüber anderen, haben nur wenige, und nicht selten ist dieser Aspekt dominant bei der Auswahl des Modells. Auch Ludwig gab ihm ein hohes Gewicht.

Auf Basis dieser Ziele hat Ludwig dann, wie bei der Methode üblich, die Optionen definiert, die geeignet waren, die Gesamtheit seiner Ziele zu erfüllen. Es geht mir an dieser Stelle nicht um die Details der Entscheidung, deshalb stehen Platzhalter in den Optionsfeldern. Worauf es mir bei diesem Fall ankommt, ist zu zeigen, wie wichtig die Fragestellung für die Definition der Ziele und damit auch für die Entscheidung ist.

Kapitel 04 -
Entscheidungsfallen beim CO2-Verbrauch

Nachdem Ludwig das **Advisory Board**© bis hierher ausgefüllt hat, habe ich ihn gefragt, welche Frage dem Ergebnis zugrunde lag und habe ihm vorgeschlagen, die Fragestellung eine Ebene höher, bzw. eine Stufe davor anzusetzen. So wurde aus der Frage „Welches Auto soll ich mir kaufen" die Frage „Welches Mobilitätskonzept ist für mich in naher Zukunft relevant". Durch diese Änderung der Fragestellung, ändern sich auch die Ziele und zum Teil deren Gewichte. Und, was entscheidend ist, es kommen andere Optionen ins Spiel.

Durch das Prinzip, den Blick auf die Entscheidung vor der Entscheidung zu richten, erkennt man leichter, was einem wirklich wichtig ist. In diesem Fall wurde Ludwig klar, dass er das, was ihm wichtig ist, mindestens genauso gut erreichen kann, wenn er sich kein Auto „ans Bein bindet", sondern alle Möglichkeiten ausschöpft, die Mobilitätskonzepte heute bieten- Natürlich würde die Entscheidung anders ausfallen, wenn Ludwig auf dem Land würde.

12 Verfügbarkeitsheuristik

Wir neigen dazu, uns bei einem Urteil auf Informationen zu verlassen, die leicht verfügbar sind.

Dieser Heuristik gingen Claudia und Peter genauso auf den Leim, als sie sich für eine Kreuzfahrt entschieden, wie Herbert, der nicht zum Vegetarier wurde, weil er meinte, damit zur Rodung des Regenwaldes beizutragen.

Der **Verfügbarkeitsheuristik** sind S in diesem Buch bereits als Helferin des **Omission Bias** begegnet. Wenn man keine Lust hat, sein Verhalten zu verändern, ist man auch wenig motiviert, sich Informationen zu beschaffen, die dafür sprechen. Insofern gehört die Verfügbarkeitsheuristik, zur Gruppe der Urteilsheuristiken.

Die in der Grafik abgebildeten Heuristiken erheben keinen Anspruch auf Vollständigkeit. Es sind die, die ich in

Wir leben im Schlaraffenland der Informationen

diesem Buch vorgestellt habe. Darüber hinaus gehören sicherlich auch der **Ankereffekt** und die **Repräsentativitätsheuristik** zur Gruppe der Urteilsheuristiken. Darunter versteht man Methoden zur vereinfachten Bildung eines Urteils, die meist unbewusst angewandt werden. Sie sind hilfreiche Prinzipien, damit wir im Alltag funktionieren.

Die Motivation, sich alle relevanten Informationen zu beschaffen, war bei Claudia und Peter ebenso gering, wie bei Herbert. Claudia und Peter hatten viele Jahre von einer Kreuzfahrt geträumt. Jetzt am Ende ihres Berufslebens wollten sie sich diesen Traum endlich erfüllen. Allerdings ist ihnen nicht entgangen, dass Kreuzfahrten in Bezug auf ihren Klimaeffekt in Misskredit geraten sind. Also informierten Sie sich bei der Reederei, die natürlich allerhand Argumente auf Lager hatte, warum man gerade bei ihren Schiffen kein schlechtes Gewissen haben müsse.

Auch Herbert ging der Verfügbarkeitsheuristik auf den Leim, weil er mit der Begründung nicht zum Vegetarier wurde, dass er als Vegetarier mehr zur Vernichtung des Regenwaldes beitragen würde, als er das als Fleischesser tat. Hätte er sich nicht mit den leicht verfügbaren Informationen begnügt, sondern tiefer gebohrt, wäre er auf Informationen gestoßen, die für den Wechsel auf die Seite der Vegetarier gesprochen hätten. Denn die mit Abstand größte Menge an Sojapflanzen wird als Viehfutter verwendet. Der Produktion von Lebensmitteln dienen nur etwa 2% der Anbauflächen.

12. Verfügbarkeitsheuristik

Tipp
Achte auf Heuristiken!

Entscheidend dafür, ob eine Urteilsheuristik zu einer Entscheidungsfalle wird, sind ihre „Dosierung" und ihr Zweck. Claudia und Peter wollten die Kreuzfahrt und hatten somit kein Interesse an Informationen, die gegen ihre Entscheidung sprachen. Insofern ging es ihnen, wie den meisten, die einer Urteilsheuristik auf den Leim gehen. ihr Wirken war ihnen nicht bewusst.

Aber genau diese Bewusstsein ist die Voraussetzung, um eine Heuristik kontrollieren zu können. Bei den beiden Beispielen, wie bei allen in diesem Buch vorgestellten Beispielen, geht es mir nicht darum, Menschen für ihr Verhalten moralisch zu verurteilen oder an den Pranger zu stellen. Ich bin nach wie vor der Überzeugung, dass Einschränkungen der Entscheidungsfreiheit in den ‚Giftschrank der Politik' gehören. Mir geht es darum, die Verblödungsindustrie in Zaum zu halten und den Impulsen, die den menschlichen Geist fördern, wieder mehr Raum zu verschaffen.

Kapitel 04 -
Entscheidungsfallen beim CO2-Verbrauch

Die Mitglieder von Gruppe 1 dieser Studie sollten sich an sechs Beispiele erinnern, in denen sie sich selbstsicher verhalten hatten. Die Probanden von Gruppe 2 sollten 12 solche Beispiele finden. Obwohl diese Probanden mehr Beispiele notierten, stuften sie sich anschließend als weniger selbstsicher ein, als die Mitglieder von Gruppe 1. Das Fazit der Autoren: Die Leichtigkeit der Informationsbeschaffung ist bei einem Urteil relevanter, als die Anzahl der Beispiele.

Norbert Schwarz u. a.: Ease of retrieval as information. 1991.

Weitere Heuristiken

Im Abschnitt „"„Warum wir was wie tun."‚ Seite 22, habe ich die „Grafik der Heuristiken" gezeigt. Die meisten der darin enthaltenen Heuristiken habe ich inzwischen anhand von konkreten Beispielen vorgestellt. Im letzten Abschnitt dieses Kapitels will ich noch kurz auf die Heuristiken eingehen, die ich noch nicht beleuchtet habe.

Ankereffekt

Anker sind vom Absender bewusst gesetzte oder vom Adressaten zufällig oder unbewusst aufgeschnappte Impulse, die sein Urteil und damit seine Entscheidungen beeinflussen. Anker wirken auch dann, wenn sie inhaltlich eigentlich nichts mit der Entscheidung zu tun haben.

Dem **Ankereffekt** begegnen wir im Alltag in vielfältiger Form. So nutzen ihn z. B. geschickte Verkäufer, indem sie zunächst einen überhöhten Preis nennen, um sich damit einen Vorteil für die Verhandlung zu verschaffen. Eltern wenden ihn (oft unbewusst) an, wenn sie ihren Kindern eine Uhrzeit nennen, zu der sie wieder zuhause sein sollten. Ähnlich gehen Vorgesetzte im Rahmen von Gehaltsverhandlungen vor. Und selbst Richter lassen sich bei Ihrem Urteil vom **Ankereffekt** beeinflussen*. Den **Ankereffekt** kann man gezielt in der Diskussion mit „Umweltsündern" einsetzen.

*www.wissenschaft.de/umwelt-natur/ankereffekte-beeinflussen-gerichtsurteile/

Kontrollillusion

Die Pionierin auf dem Gebiet der **Kontrollillusion** ist die amerikanische Psychologin Ellen Langer. Sie wies nach, dass Menschen ihre Gewinnchancen beim Lotto höher einschätzen, wenn sie die Zahlen selbst auswählen können. Gut zu beobachten ist die Kontrollillusion z. B. auch bei Würfelspielern: sie neigen dazu, stärker zu werfen, wenn sie hohe Zahlen erzielen wollen und sanfter, wenn niedrige Zahlen gewünscht sind. Die Grenzen der Kontrollillusuion gehen fließend in die Welt der Rituale über. Wir neigen dazu, zu glauben, dass wir die Dinge mit unserem Verhalten oder Denken beeinflussen können.

Beim Vorliegen einer **Repräsentativitätsheuristik** erscheint uns eine Information intuitiv als richtig. Wir halten sie für repräsentativ. Tatsächlich legen wir aber die Wahrscheinlichkeit ihrer Repräsentativität falsch aus. Die **Repräsentativitätsheuristik** ist häufig äußerst schwer zu erkennen und spielt doch bei vielen Entscheidungen eine zentrale Rolle. Man begegnet ihr, bedauerlicherweise, inzwischen immer häufiger auch in politischen Diskussionen und an Stammtischen. Vor allem gehen ihr auch Menschen auf den Leim, wenn sie ganze Gruppen, aufgrund des Verhalten einzelner verurteilen.

Repräsentativitäts-heuristik

Verlustaversion

Verluste schmerzen uns mehr, als uns Gewinne in gleicher Höhe freuen. Wenn Sie jemanden zum Spielen um Geld überreden wollen, sollte seine Chance auf einen Gewinn mindestens 3mal so hoch sein, wie das Risiko seines Verlustes. Die **Verlustaversion** führt im Alltag häufig dazu, dass wir auf „Gewinne" verzichten, wenn gleichzeitig das Risiko eines „Verlustes" droht. In der Klimadiskussion kann man die Verabschiedung von alten Verhaltensweisen durchaus als „Verlust" verstehen. Die Alternative muss uns schon sehr attraktiv vorkommen, um ohne zusätzlichen Anreiz zu wechseln.

Kapitel 5

CEOzwo - das Klimaspiel

Die in diesem Buch vorgestellten Beispiele zeigen, dass viele Menschen ihre Entscheidungen „fahrlässig" treffen. Das drückt sich unter anderem dadurch aus, dass sie sich zu wenig Gedanken darüber machen, was sie mit ihrer Entscheidung eigentlich erreichen wollen. Sie treffen ihre Entscheidungen auf Basis von vage formulierten oder nebulösen Zielen.

Ein Ansatz, wie man Menschen dazu bringen kann, über ihre Ziele nachzudenken, ist die **Advisory Board**©-Methode, auf die ich in diesem Buch mehrfach eingegangen bin. Ein anderer ist das Klimaspiel CEOZWO, dass ich auf Basis dieser Methode entwickelt habe.

Die Nutzung der **Advisory Board**©-Methode mag für viele eine hohe Hürde bedeuten. Mit einem Brettspiel erreicht man nahezu jeden. Mit dem Spiel CEOZWO erreicht man das tiefere Nachdenken über eigene Ziele im Zusammenhang mit klimarelevanten Entscheidungen spielerisch.

Das Spiel kann von 3 bis 6 Spielern (ab 10 Jahren) gespielt werden. Damit das Spiel leicht überall mit hingenommen werden kann, besteht das Spielfeld aus 12 Puzzleteilen. So passt das Spiel in einen Kulturbeute.

So funktioniert CEOzwo

Ziel von CEOZWO ist es, dass alle Spieler gemeinsam die klimafreundlichste Entscheidung treffen. Basis dafür sind die im Spiel mitgelieferten Entscheidungskarten und die für jede Entscheidung verfügbaren Ziele und Optionen. Ihr könnt CEOZWO aber auch ganz individuell gestalten. Dafür sind im Spiel leere Karten enthalten, auf die die Spieler selbst Entscheidungsaufgaben, Ziele und Optionen schreiben können.

Wie CEOZWO funktioniert, zeige ich am Beispiel der Entscheidungsaufgabe „Wie verbringen wir unseren nächsten Urlaub"?

1. Entscheidungskarte ziehen
In jeder Runde ist ein anderer Spieler der Entscheidungsspieler. Gespielt werden so viele Runden, dass jeder Mitspieler mindestens einmal Entscheidungsspieler ist. Der Entscheidungsspieler zieht zu Beginn der Runde eine Entscheidungskarte. In dieser ersten Runde geht es also in diesem Beispiel darum, für die Frage „Wie verbringen wir unseren nächsten Urlaub"? die klimafreundlichste Entscheidung zu finden. Die Entscheidung ist natürlich auch abhängig vom Kontext. Der Kontext ist Teil der Entscheidungskarte.

2. Festlegen, worauf es den Spieler bei der Entscheidung ankommt
Zu jeder Entscheidungsaufgabe gibt es vordefinierte „Ziele". Wie erwähnt, können die Spieler auch eigene Ziele formulieren und das Spiel damit ganz auf ihre individuelle Situation anpassen. Der Entscheidungsspieler wählt bis zu 6 Ziele aus und ordnet sie in dem entsprechenden Feld an. Das wichtigste kommt ganz nach links, das unwichtigste ganz nach rechts.

3. Feedback der Mitspieler
Die Mitspieler haben nun die Möglichkeit, das Zielportfolio des Entscheidungsspielers mit Feedbackpunkten (positiven oder negativen) zu bewerten. Nach dem Feedback kann der Entscheidungsspieler sein Zielportfolio einmal verändern. Die

Kapitel 05 -
CEOZWO - das Klimaspiel

Mitspieler können daraufhin ihre Feedbackpunkte neu vergeben. In diesem Beispiel werden dem Entscheidungsspieler 40 Feedbackpunkte gutgeschrieben.

4. Festlegung der Optionen
Der Entscheidungsspieler wählt aus den verfügbaren Handlungsoptionen die aus, die für die Entscheidung infrage kommen. Er kann natürlich auch eigene Handlungsoptionen hinzufügen.

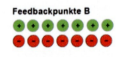

5. Bewertung der Optionen
Um herauszufinden, mit welcher Option die definierten Ziele am besten erreicht werden, müssen die Optionen bewertet werden. Bewertet wird mit den Bewertungspunkten. Der Wert „1" bedeutet, die Option ist überhaupt nicht geeignet, das Ziel zu unterstützen, eine „6" heißt, dass die Option perfekt geeignet ist. Wo ein Punkt positioniert wird, wird durch Würfeln entschieden. Der Spieler links vom Entscheidungsspieler beginnt. Würfelt er z. B. mit dem orangenen Würfel eine „6" und mit dem blauen Würfel eine „3", muss er bewerten, wie gut die Option „Urlaub auf einem Bauernhof" geeignete ist, das Ziel „Spaß haben" zu unterstützen. Nachdem der Spieler einen Bewertungspunkt in das entsprechende Feld platziert hat (in diesem Fall den Wert „4"), können die Mitspieler das mit Feedbackpunkten (B) kommentieren (positiven und negativen). Die Feedbackpunkte kommen auf das Konto des Spielers, der die Option bewertet hat.

Nach diesem Schritt ist der nächste Spieler mit Würfeln an der Reihe. Auf diese Weise kann in einer Runde jeder Spieler Punkte sammeln. Eine Runde dauert so lange, bis klar ist, welche Option gewinnt. Die Berechnung der Entscheidungsergebnisse erfolgt ähnlich, wie bei dem **Advisory Board** (vergl. S. 34 ff).

6. Nächste Runde
Der Entscheidungsspieler der nächsten Runde ist der Spieler links neben dem Entscheidungsspieler der vorigen Runde. Er beginnt die Runde entweder mit dem Ziehen der nächste Entscheidungskarte oder legt eine eigene Entscheidungsfrage fest. Z. B. könnte er, da nun das „Wie" der Urlaubsfrage geklärt ist, in der nächsten Runde die Frage stellen „Wohin wollen wir in Urlaub fahren". Zur Formulierung dessen, worauf es den Spielern bei der Entscheidung ankommt und der Optionen (also der infrage kommenden Urlaubsziele) können dann die Blankokarten genutzt werden.

Gewonnen hat der Spieler, der nach der Anzahl der festgelegten Runden die meisten Punkte gesammelt hat.

Kapitel 05 - CEOZWO - das Klimaspiel

   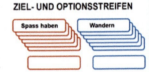

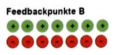

Weitere Bücher aus der Reihe „Entscheidungsfallen"

„Entscheidungsfallen für Manager" ist ein Buch über die Entscheidungsfallen, die zur Insolvenz meines Unternehmens geführt haben. Mein Unternehmen war die Juwi MacMillan Group. Auf dem Höhepunkt unseres Erfolges gehörten wir mit 150 Mitarbeiterinnen und Mitarbeitern zu den Top5 der inhabergeführten Werbeagenturen in Deutschland. Der Insolvenz folgten das Ende meiner Ehe, die Privatinsolvenz und eine schwere Depression mit mehreren Suizidversuchen. Mein Neustart begann mit der Auseinandersetzung mit meinen falschen Entscheidungen und deren Dokumentation in diesem Buch.

Was meinen Sie? Kann Glück ein Ergebnis guter Entscheidungen sein? Kann man sich glücklich oder unglücklich entscheiden? Meine Antwort auf diese Frage ist natürlich JA. Nehmen wir z. B. den Fall Karl. Karl hatte von Anfang an ein schlechtes Gefühl. Der neue Chef bedeutete nichts gutes für die Abteilung. Karl überlegte, sich auf eine offene Stelle in einer anderen Abteilung seines Unternehmens zu bewerben. Nach kurzer Zeit relativierte sich jedoch sein Gefühl, und der neue Abteilungsleiter wurde ihm im-

mer sympathischer. Einige Wochen später erkannte Karl seinen Fehler, aber die ausgeschriebene Stelle in der anderen Abteilung war weg. Karl hatte lange Zeit keine Freude mehr an seiner Arbeit. Karl ist dem sogenannten „Mere-Exposure-Effekt" auf den Leim gegangen. Dieser Effekt ist eine von 18 Entscheidungsfallen, die ich in dem Buch „Entscheidungsfallen im Alltag" anhand konkreter Beispiele vorstelle. Die Basis für das Buch waren Interviews mit Menschen, die den Mut hatten, mit mir über ihre Fehlentscheidungen zu sprechen.

„Bei der Beantwortung der Frage, was Ärzte über Patienten und Patienten über Ärzte wissen sollten, geht es mir nicht um die klassischen Missverständnisse in der Kommunikation oder um die unterschiedliche Sprache, die Ärzte und Patienten sprechen. Schwerpunkt des Buches Entscheidungsfallen für Ärzte und Patienten" sind die verzerrten Wahrnehmungen, denen Ärzte im Rahmen ihrer Therapieentscheidungen auf den Leim gehen können und Patienten bei der Umsetzung oder Nichtumsetzung der Therapieempfehlung des Arztes. Ein typisches Beispiel dafür ist der Ankereffekt. Herbert hat Übergewicht, sein Blutdruck ist zu hoch, und er steht an der Schwelle zum Diabetes. Sein Arzt meint, er müsse mindestens vier mal pro Woche Sport treiben. Mit dieser Zahl setzt der Arzt einen Anker. Herbert ist aber nur bereit, einmal pro Woche zum Sport zu gehen. Mit dem Setzen des Ankers macht es der Arzt Herbert schwer, seinen Gegenvorschlag zu unterbreiten. Herbert schweigt und behält seinen bisherigen Lebensstil bei. Dem Ankereffekt gehen übrigens sogar Richter beim Fällen eines Urteils auf den Leim.